新装版

日清食品創業者

安藤百福 一日一得

奇想天外の発想はこうして生まれた

石山順也

目次

一章 奇想天外の発想 〝人のやらないことをやれ！〟 11

二章

チキンラーメンはいかにして創られたか！　41

――〝ひらめき〟をどう商品化すべきか？

三章 大衆の心を掴む！ 57

――壁をぶち破った市場開拓と宣伝戦略

四章

驚くべき商品開発の秘密

——ベストセラー商品（カップヌードル）はこうして生まれた！ 89

五章

なぜ安藤百福がNo.1になれたのか！　117

六章　金のなる木の見つけ方　169

終章 安藤百福の〝金言〟集

一章

奇想天外の発想
〝人のやらないことをやれ！〟

商魂——

「私の頭にはたえず商売のことしかなかった!」

昭和三十三年、まったくのゼロから出発した即席めん市場は、六十年の間に国内だけで年間五十七億食、金額で五千八百億円という巨大なマーケットに成長した。そのパイオニアが日清食品創業者の安藤百福である。

大阪駅前の焼跡。寒空の下で一杯のラーメンを求めて屋台に群がる人々を見てアイデアがひらめいたというのが安藤にまつわる〝ラーメン伝説〟だ。

毎朝五時の起床。気が向けば健康法も兼ねて唯一の趣味ともいうべき早朝ゴルフをこなしてから出社。精力的に仕事をこなし、仕事が終われば、よほどのことがないかぎり夜の宴会を断り、家路についたという。

その日課は、まさに明治生まれのモーレツ経営者の典型を見る思いだが、むろん、安藤は単なる明治生まれの経営者というだけにとどまらない。

「子供の頃から商売が好きで好きでたまらなかった。私の頭の中にはたえず商売のことしかなかった」

昭和六十年六月に社長のポストを次男の宏基に譲り、会長に専任して、社業は宏基社長にまかせたものの、取締役会の議長はみずからが務め、社内ににらみをきかせるばかりでなく、大阪・淀川区西中島にある大阪本社十三階の会長室の机の上には試作品の山がいまにも崩れそうなほどうず高く積まれていたという。

安藤はそれを会長室隣のキッチンで調理し、毎日、最低一食は口にする。そして、味についてあれこれと注文をつけたのだそうだ。

「社内でめんについていちばん詳しかったのは会長ですからね。

会長の舌をパスしないものは発売ＯＫにならない。

われわれはこれを会長の〝ベロメーター〟といっていましたがね」

当時の日清食品の幹部社員の言葉である。

安藤は一途に目標に向かって突き進む求道的、かつ開発型の経営者だといわれる。求道的という点についてはちょっとわかりにくく、説明を加える必要があろうが、開発型の経営者であることは間違いない。

〝執念〟はアイデアの源泉である――

「ひらめきは、執念から生まれる」

昭和三十三年八月、袋入りのインスタントラーメン『日清チキンラーメン』を発売。四十六年九月には容器入りの『カップヌードル』を世に送り出したが、いずれの場合も安藤自らが開発の先頭に立ち、大きな成功をおさめてきた。

つれて、日清食品も順調に成長する。昭和五十四年に戦後設立の食品メーカーとしては数少ない一千億円企業の仲間入りを果たし、現在は売上高五千億円を突破、名実ともに即席めん業界のトップ企業として君臨している。

また、安藤はおりにふれて将来の新規事業としてバイオ分野への進出の夢を語っていた。このことも開発型経営者安藤の面目躍如たる姿といえよう。

〝ひらめきは執念から生まれる〟が安藤の口ぐせである。古くからつき合いのあった元首相の福田赳夫は安藤を評して「マムシのごとき人物だ。一度食いついたらものにするまで決して離さない。炯々たる眼光で見据えて、商品を考え出し、世に広めた」と語ったことがあるが、その意味で安藤は〝執念の経営者〟ともいえるのかも知れない。

では、安藤の執念を支えたもの、そのたえまないアイデアの源泉とはいったいいかなるものなのか。

本章では、これまでの安藤流商品開発ストーリーと〝語録〟を軸に、成功のための事業ノウハウとカネ儲けのための商いの秘訣を探ってみようと思う。

開発は時代を読む作業――

「発明、開発の仕事は、時代を読む作業である。どんなに優れた思いつきでも、時代が求めていなければ、人の役に立つことはできない」

〝機を見るに敏〟という言葉があるが、安藤の事業家としての来し方をたどってみるとまさにこの言葉がピタリとあてはまる。

安藤は昭和三十三年八月に即席めんの元祖ともいうべき『チキンラーメン』を開発し、日清食品の礎を築くわけだが、それが初めての事業経験ではなかった。そこに到るまでにも数々の事業を手がけているのである。

台湾生まれの安藤が最初に手を染めたのは繊維問屋だった。安藤が繊維問屋を始めたのは祖父の影響である。安藤は幼い頃に両親を亡くし、繊維問屋を営む祖父母のもとで育てられたからだ。

「（祖父母は）けじめがはっきりしており、きびしい性格であったように思う。もの心つくころには掃除から、炊事、こまごました雑用までなんでもいいつけられた。それが祖母のしつけであり、商売をやっている家の一般的な教育法でもあった。……早朝から夜遅くまで、商家はせわしない活気に満ちている。出入りする商人たちのざわめき。荷受け、出荷に忙しく立ち働く人々。近所からパタンパタンという織機の響きが伝わってくる。〝商売はおもしろいな〟子供心にも、ごく自然に商売に対する興味をかり立てられた。暇があると、織物工場へ行き、職工さんの横に座って、半日も織機の動きを眺めていた……」（安藤百福著『奇想天外の発想』）

高等小学校を卒業した安藤少年は、世話になっていた郡守（県知事と市長の中間ぐらいの役職）の口ききで町の図書館に勤務する。が、〝商売の面白さ〟に取りつかれた少年には、本を整理するだけの図書館司書の仕事は退屈だった。

「カビ臭い本に囲まれ、静謐な日々を全うするには、私はあまりにも好奇心に満ち、心の底からわき出してくる冒険心を抑えることができなかった。そこで、図書館が休みのときは、祖父の家業を手伝い、独立を目標に、繊維関係の知識を積み重ねていった……」

　昭和七年、二十二歳のときに父親の遺産を元手に台北市永楽町に資本金十九万円の東洋莫大小（メリヤス）を設立し、日本内地からメリヤス製品を移入（当時の台湾は日清戦争の結果、日本領地になっていた）、販売し始めたのが安藤の事業家としての第一歩だった。独立に際して祖父とは違うメリヤスに目をつけたところがいかにも安藤らしいといえよう。

　ひとつには、祖父と競合する分野に出て迷惑をかけたくないという気持ちがあったこと、もうひとつはやはりメリヤスの将来性である。

　安藤はこう述懐している。

「……いろいろ思案しながら、繊維業界の動きを見ていると、ふと、メリヤスに突き当たった。業界の先輩に話を聞くと〝これからおもしろいじゃないか。台湾には、あまり新種のメリヤスは入っていないからな〟という。……そのころ新式の編機が続々と登場し、化学繊維が普及するようになって大発展をする時期にさしかかっていた……」

この安藤の狙いはズバリ的中し、〝時代の求める〟メリヤス製品は仕入れる先から飛ぶように売れたという。

創造はモノマネの排除から始まる――
「人のやらないことをやれ。やれそうもないことをなし遂げるのが仕事というものである」

事業家としての順調なスタートを切った安藤は、すかさず内地進出を決意する。昭和八年に大阪・唐物町にメリヤスの集荷、問屋業を行う日東商会を設立。安藤は日本と台湾を股にかけて精力的に仕事に取り組んだ。

やがて台湾よりも日本内地での取引が拡大するにつれて、安藤の活動の主体は日本内地に移る。立命館大学の経済科専門部に通い始めるのもこの頃からである。

「十数人に増えた社員を陣頭指揮しつつ、メリヤス・メーカーとの交渉、あるいは東京、台湾への出張の合い間をぬって、京都への通学だった」

安藤にすれば、学歴社会の日本で成功するには、大学卒の資格だけは取っておいたほうがよいという判断があったのだろう。

安藤のメリヤス問屋はますます繁盛する。ここで満足していれば、その後の安藤の運命もまた違った形になっていたかも知れない。

しかし、「私は同じ仕事を繰り返しているのが好きじゃない。人のやらないことをやりたい。人マネが大嫌いなんです」という安藤である。一メリヤス問屋の社長で終わることには満足できなかった。

朝令暮改は〝柔軟さ〟の証明――

「少しでも良い手段、方向が見つかれば、即刻変更したらよろしい。より良いものを求めるためであれば、朝令暮改は恥ずかしいことではない。むしろ柔軟さと勇気の証明である」

おりしも時代は戦時体制へと急速に暗転しつつあった。昭和十三年に国家総動員法、十四年に国民徴用令、そして十六年には物資統制令が公布される。日本ではもはや自由に商売のできる雰囲気ではなくなっていた。

そんな中で安藤が次に手をつけたのは蚕糸事業である。昭和十六年に三井物産や近江絹糸と共同で蚕糸会社を設立する。

「発端は飛行機の潤滑油に使われるヒマシ油だった。蚕は普通、桑の葉で飼うが、篦麻(ひま)の葉でも飼育が可能なことがわかっている。少しマユが黄味を帯びるけれど、成長も早い。そこで、台湾で篦麻を栽培し、その実からはヒマシ油を取り、葉でマユを飼育する。マユは夏川さん(近江絹糸)のところで糸にし、酒伊繊維が織物にするといった構想で、三井物産も加わり、盛大にスタートした」（『奇想天外の発想』）

が、このグッドアイデアも、ものにならないうちに戦局が悪化して中止せざるをえなかったという。

安藤の〝変わり身の早さ〟がここで発揮される。安藤は繊維事業にあっさりと見切りをつけ、軍需関連の事業に転身をはかる。すなわち川西航空の協力で奈良に大和精機という軍需工場をつくって、航空機の部品生産の仕事を始めるのだ。安藤にいわせれば、

「知恵をしぼり、時勢に合った事業を試みた」

ということになる。

ただし、この大和精機時代に軍から供給された資材を横流ししたという〝無実の罪〟で憲兵隊に捕らえられ、獄舎に幽閉されるという苦い経験を味わうが、それについては後で述べることにする。

さらに戦争が激化し、軍が技術指導のためにスライドを利用するようになると、幻燈機の製造工場まで始める。

「当時、軍需工場では、徴用や学徒動員で機械のあつかい方も知らない素人工員ばかり増えて困っていた。そこで、旋盤やフライス盤の使い方を教える幻燈機の需要があったの

だ」（『奇想天外の発想』）

そして戦争が末期になると、疎開先の兵庫県上郡で木炭づくりまでやっている。

「のちに空襲が激しくなり、疎開した兵庫県上郡では、二十五町部の山を買い、炭焼きの企業化を図った。ひと山そっくり炭にしてしまい、戦後、大阪に持ち帰って、重宝したものである」（『奇想天外の発想』）

この〝変わり身の早さ〟を田原総一朗氏は、

「安藤百福の軌跡を辿っていると、つくづくたくましさ、したたかさを感じてしまう。とにかく、いかなる状況にも見事に対応して、エネルギッシュに生きている。戦争が始まり、（中略）疎開をやむなくされると、疎開先で事業を始める。安藤の手にかかると、あらゆるものが商売のタネに変わってしまうようだ」

と書いているが、私もそう思う。

日本一の大金持ち――

「戦災で工場が焼けたので、全部保険で入ってきた。日本人だとダメです。だから私、一番金持ちだった」

敗戦により日本は灰塵に帰した。安藤もそれまでの事業を清算せざるをえなかった。なにしろ昭和二十年三月十三日の大阪大空襲で唐物町の事務所も、天王寺の勝山通りにあった工場もすべて灰になってしまったからだ。

が、事業をやめても、安藤が無一文になったわけではない。

それどころか、終戦直後、安藤は四千数百万円の現金を手にしていた。現在の貨幣価値に換算すれば数百億円に相当する。事業を整理した金に加えて、空襲で焼けた工場や事務所の火災保険金が入ってきたのだ。そんな安藤のことをある一流新聞は「日本一の大金持ち」の見出しで書きたてたという。

ここで疑問なのは、なぜ安藤だけが〝大金持ち〟でいられたかということである。当時の多くの日本人は、戦災で家を焼かれても巨額の火災保険金など手にすることはできなかったし、かりに財産があっても凍結されて、一定以上の金は持てなかったはずだ。そのナゾを解くカギは安藤の国籍問題である。

「終戦後、台湾が日本の領土から離れて、国籍問題が持ち上がった。申請するだけで、日中いずれの国籍でも選択できた。私は意識として日本人である。それまでの仕事でも、中国系の人たちとは、かかわりがなかった。

インフレ、食糧危機が深刻化する中で、占領軍の政策が既存の秩序を根底からくつがえしていった。財閥解体、農地解放、そして資産の凍結……古い日本円が新円に切りかわるとき、財産は五万円を残して、封鎖されることになった。

ところが、中国籍を選べば、財産は封鎖をまぬがれ、自由に使える。損得勘定だけなら結論はわかっている。しかし、私は迷いに迷った」(『奇想天外の発想』)

結局、安藤は中国籍を選ぶ。彼は田原総一朗氏のインタビューにこう答えている。

「私が中国籍にしたのは、財産を確保するためだった。日本人だと五万円しか財産を持つことができない。だけど、中国人には特典がたくさんあった。戦災で焼けたのも、全部保険で入ってきた。日本人だとダメです。だから、私、一番金持ちだった」

いずれにしても、安藤は戦前から戦中にかけての一連の事業で巨額の富を獲得し、戦後は「日本一の大金持ち」としてスタートを切ることになる。

金儲けの才覚をどこで発揮するか――

「人間は、自分の仕事を通じて社会のため、会社のために、何か足跡が残るような仕事をしなければならない」

終戦を疎開先の兵庫県上郡で迎えた安藤が家族をともなって大阪府・泉大津市の急ごしらえの家に移ったのは終戦の翌年、昭和二十一年の冬である。

家族は長男の宏寿、〝恋女房〟の仁子、それにお手伝いさんの四人。彼らはほとんど着のみ着のままで大阪に戻ってきた。

終戦から泉大津に移る一年余りの間、安藤が何をしていたかは定かではない。が、「商売が好きで好きで仕方がない」という安藤だけに、次の事業についてあれこれと模索していたであろうことは想像に難くない。

金はあり余るほど持っている。要はその金の使い道である。

安藤は戦前から知遇を得ていた久原財閥の久原房之助に相談に行く。すると「こういう混乱期には、不動産を買っておくものだよ。あるだけの金をはたいて土地にしてしまいなさい。産業が復興すれば、ものは増えるだろう。しかし、土地は生産によって広がることはないからな」とアドバイスされる。

たしかに当時のモノ不足の中で、土地だけはタダ同然で買えた。たとえば、大阪の中心街、心斎橋あたりの一区画が五千円で買えたという。人々が求めるのは、土地ではなく、衣類や飢えを満たす食物だったのである。

安藤は久原にいわれるままに三か所の土地を買った。

「いま心斎橋のそごう百貨店の北側や、美松のあるところである。現在まで持ちこたえていたら、大変な資産価値だったが、のちに述べる事件で、手放してしまった。

ありアリ金をすべて土地にする気はなかったけれど、このほか、御堂筋の梅田新道付近、いま大阪市の市街地改造ビルが建っている一画も、私の土地だった。ここには貿易会館を建設して、私の事業の中心だった時期がある」（『奇想天外の発想』）

少々の土地を買ったぐらいでは、〝日本一の大金持ち〟のフトコロはビクともしない。

安藤はなおかつ余った金で何か事業を始めたくて仕方がなかった。

しかし、まだこの時期は世の中が混乱していて、安藤が自由に〝金儲け〟の才覚を発揮するのには相応しい時代ではなかった。

戦後しばらくは「事業家・安藤百福」の雌伏期が続く。ただしそれに代わって「篤志家・安藤百福」の姿が浮かび上がってくるのだ。

事業の原点は〝世の中を明るくする〟――

「事業を始めるとき、私には金儲けをしようという気持ちはあまりなかった。何か世の中を明るくする仕事はないかと、そればかり考えていた」

安藤は戦後のスタートに当たって、「金儲けをしようという気持ちはあまりなかった。何か世の中を明るくする仕事はないか、とばかり考えていた」と述懐している。

これを〝ええカッコシー〟と受け取るムキもあるかも知れないが、私は当時の安藤が真剣にそう考えたのだろうと思う。

金はあり余るほど持っているのだ。生活の心配もない。さしあたって、これ以上、シャカリキになって金儲けに血道を上げる必要はないのである。しかも、周囲を見渡せば食うや食わずの貧しい人々が敗戦のショックに打ちひしがれて、あてもなくさまよっている。

こんな状態の中で、あり余る金を持っていれば、それを何か世の中のために役立てたいと考えるのは人情だ。商人・安藤百福といえど、鬼でもなければ蛇でもない。とくに安藤の場合は、中国籍を選んだことで自らの財産を確保していただけに、そんな思いは強かったのだろう。

安藤はまず私財一千万円を投じて名古屋に中華交通技術専門学院（のちの名城大学工学部）を設立し、自らその理事長に就いた。

「当時の日本は世の中が冷え切っていて、敗戦で何も残っていないし、敗戦のショックに多くの人たちは生きるのがやっと。とくに職もない若者たちは希望を失い、悪の道に走りがちだった。ヤミ市などにたむろして、ピストルは撃つし、犯罪事件を起こすこともしばしば。彼らの中には日本人だけでなく、中国や朝鮮系の若者もいた。そんな中で私は、何をすれば世の中の役に立てられるかを考えていたわけです。

当時、佐藤栄作さんが運輸省の総務局長をやっていましたが、将来、中国との関係を進める上で、相手に喜んでもらえるようなことをやるには何をやればいいかというのなら、中国は運輸、輸送関係が非常に遅れているから、技術を身につけた日本人を派遣すれば喜ばれるだろうという発想があることを聞いて、私は交通大学を設立するといったのです。それで、佐藤さんが国鉄各駅に生徒募集のポスターを無料で貼ってくれました」（安藤百福）

中華交通技術専門学院の〝授業内容〟は主に自動車の構造や修理技術だった。トヨタ自動車が自動車のエンジンやシャーシ、その他部品などを教材として提供してくれた。

地元の大学からは臨時講師の応援もあったという。

「将来は鉄道関係の教課も組み入れ、総合的に交通関係のことを勉強する学園に発展させるつもりだった」（『奇想天外の発想』）

もっとも、この〝安藤構想〟も後に思いがけない事件がきっかけで頓挫するのだが、発足当初のこの〝学校〟には、行き場のない若者が大勢集まってきた。なにしろ、月謝は無料・その上、月々五千円の給付金がもらえたからである。

彼らは何を求めているのか——

「私自身、みなし子だったせいもあって、青年たちの悩みが他人事とは思えない。彼らが何を求めているのか、私にはよくわかった」

中華交通技術専門学院を設立する一方、安藤は泉大津でも若者たちを集めて活動を開始する。

安藤が居を構えた近くには造兵廠の広大な跡地が遊んでいた。安藤はこれに目をつけ、その土地が大阪鉄道局管轄のものであることを知ると、親しい佐藤栄作のいる運輸省に熱心に働きかけ、四万坪あまりを十六万円で払い下げてもらう。

当時の泉大津には、まだ豊かな自然が残っていた。海の水は澄んでいるし、沖では魚が面白いようにとれた。この天然資源を何とか活用できないものかと安藤は考える。

まず最初に始めたのは製塩である。もちろん、安藤には製塩の経験などまったくなかったが、疎開していたのが赤穂の塩田地帯に近いところだ。安藤はそこで塩のつくり方を見よう見まねでマスターしていたのである。

　安藤流の製塩法はきわめて原始的なやり方だった。造兵廠の構内に放置されていた薄い鉄板を浜一面に並べる。浜側を高くして、太陽で熱せられた鉄板の上に海水を流す。それを何度か繰り返してできた濃縮液を大釜に入れ、煮つめるのだ。精製工場には造兵廠の古い建物を再利用した。

　安藤は百数十人の若者たちを陣頭指揮して塩づくりに熱中する。が、いかんせん素人のこと、最初は失敗の連続だった。雨が降ってせっかくの濃縮液が流出したり、電気をショートさせ、付近一帯を停電にしてしまい電力会社から大目玉をくったこともあった。

　塩づくりが軌道に乗ると、今度は漁船を三隻ほど買い込み、沖で鰯漁を始める。

　もっとも安藤はこの塩づくりや鰯漁を本気で商売にしようとの考えはなかったようである。つくった塩やとった鰯は近所の人に無料で配り、余った分だけを市販したという。

　この時期の安藤の〝暮らしぶり〟がいったいどんなものだったのか。安藤は『奇想天外の発想』の中で次のように述懐している。

「……泉大津での一時期は、私にとって、ひとつのロマンだった。浜辺で汗する青年たちの姿がいまでも目に浮かぶ。集団生活の中で、ぶつかり合う若さが、潮の香りと一緒にな

ってにおってくる。（中略）

（泉大津での仕事は）動機からしても、企業活動ではなく、最初から、社会奉仕という意味合いが強かった。私自身、みなし子だったせいもあって、青年たちの悩みが他人事とは思えない。彼らがなにを求めているのか、私にはよくわかった。

泉大津でも（中華交通技術専門学院と同じように）月五千円の給付生を募集すると、たちまち百数十人が集まってきた。たのまれれば、気やすく受け入れたから、ふくらむばかりだった。収容するため、新たに旧軍隊の施設を借り入れなければならない始末だった。

彼らが青年隊を組織し、自発的に生産活動に従事しながら、おたがいに助け合いの精神で自活の道を求めるという仕組みである。製塩に従事し、あるいは海へ出て漁をする。青年たちは、いきいきと行動した。中国の小説『水滸伝』でも有名な梁山泊を思わせる働き集団だった。（中略）

青年たちに囲まれた私は、他人から見れば得意の絶頂といった姿に映ったろう。乗用車はビュイックである。進駐軍以外、あまり手に入らない外車だから、それだけでも目立った。

泉大津の自宅へ帰り着くと、青年隊が整列して迎える。そのうち、心得のある者が中心になって音楽隊が組織されると、にぎやかな楽隊づきとなった。私が望んだわけではないが、元気のよい連中ばかりだから、ひとつ景気をつけようという心意気と茶目っ気でもあった。

なんとなく、殿様か山賊の首領みたいになってしまった。

家内と家内の母が彼らの親がわりである。小遣いはせびられるし、恋人ができればデートの相談が持ち込まれる。彼らの父母、兄弟までがやってきて泊まっていく。そんな具合だったから、二人ともどんなにか忙しく、大変だったことだろう。

毎月一回、まとめて誕生会を開いた。家内はアルコールにカラメルを入れ、薄めて〝ウィスキー〟を製造するのが上手だった。料理は、青年隊が海でとったカレイやチヌなどでまかなわれた。それを並べるテーブルも、造兵廠の浜に打ち上げられた流木で、彼らがつくったものだった。楽しく酔い、若者たちは夜のふけるまで語り合っていた。

生活のほとんどは、自給自足の中でいとなまれた……」

なぜ〝食〟なのか――

「人間のすべてのいとなみの原点は食にある。空腹が満たされてはじめて、音楽や絵画や文学を楽しむ余裕が出てくる。食はあらゆる文化の源流である」

終戦直後のドサクサがどんなにひどいものだったか、戦後生まれの私にはとうてい理解することはできないが、この時期の安藤の活動ぶりを見てみると、もし彼が商人の志を失い、悪の道に手を染めていたら、おそらく今頃は〝ヤクザの大親分〟にでもなっていたのではないかと思えるほどだ。

しかし、安藤は事業意欲を失ってはいなかったようである。

昭和二十三年九月、泉大津市汐見町に中交総社という会社を設立する。ダイヤモンド社刊『日清食品』によれば「魚介類の加工販売から、製塩、紡績その他繊維製品、洋品雑貨の販売から図書の出版販売にまで手を伸ばした会社であった」というから、造兵廠跡地での一連の活動を母体にした会社だったのだろう。資本金は五百万円。この時期に設立された新会社としては最大の資本金だった。

中交総社は翌昭和二十四年に大阪市北区曾根崎に移転、商号もサンシー殖産と改め、貿易を手がけたりするのだが、この会社が後の日清食品になるのである。

大阪市内に活動拠点を移した安藤は、昭和二十六年に国民栄養科学研究所なる栄養食品を開発するための研究機関を設立する。

その動機について安藤は、

「街には、餓死で行き倒れになる人があとを絶たなかった。配給だけでは、生命を維持するのに十分な栄養をとれなかったのである。

配給制度を守り、かたくなにヤミの食料を拒否した裁判官が、栄養失調で亡くなったというニュースがなまなましく伝えられていた。栄養失調は、大きな社会問題だった。

人間すべて食べることから始まる。食こそが原点である。私の持論をいよいよ実行に移すときがきた」

と書いている。

栄養科学研究所が最初に着手したのは病人用の栄養剤の開発である。安藤はそれを研究所員にまかせるだけでなく、自らもいろいろとアイデアを練った。たとえば、自宅の庭の池に住みついた食用蛙に目をつけ、試作したこともある。が、結局、食用蛙は栄養剤の原料にはならなかった。

食用蛙はものにならなかったが、牛、豚、鶏などを使って研究を重ねた結果、それらの骨からペースト状のタンパク栄養剤をつくり出すことに成功する。これをビクセイルと名づけて厚生省に持ち込んだところ、品質の優秀性が認められ、厚生省管轄の病院に納入できるようになる。

安藤が厚生省に出入りするようになるのはこの頃からだが、それが後にチキンラーメンを開発する大きな端緒となるのである。

ゼロからの出発——

「高い山の後には必ず深い谷が待ち受けている。目の前に谷があることを知れ」

中華交通技術専門学院、国民栄養科学研究所という〝福祉事業〟に手を染め、かつ中交総社という会社を率いた〝日本一の大金持ち〟安藤だから、このまま何ごともなければ、果たしてその後にチキンラーメンの発明者たりえたかどうかは疑問だ。

だが、好事魔多しとでもいうのだろうか。ある事件をきっかけに安藤の運命は一変するのである。

昭和二十六年のクリスマスイブの前日、安藤は転勤していく米軍幹部の送別会を兼ねたクリスマスパーティを終え、帰宅しようとしたところをMPに強制連行される。

容疑は脱税である。中華交通技術専門学院や国民栄養科学研究所の給付生に支給していた月五千円が勤労所得と見なされたのだ。〝月給〟ということになれば源泉徴収して税金を納めなければならない。それを怠っているから脱税行為になるというわけである。

GHQの裁判にかけられ、「四年間の重労働か、国外退去」の判決が下る。安藤にとっては逮捕そのものが不本意であり、到底納得することはできなかった。

安藤はいう。

「善意が踏みにじられた思いである。……こちらのいい分は、ひと言も聞いてもらえなかった。ろくに調べもしない。だいたい、たった一週間で人間の運命を一変させるような決定が下されてよいものなのか。あまりにもでたらめな裁判というほかはない」

大阪国税局長の名で、安藤名義の財産は、泉大津の家も工場も、戦時中に木炭づくりをした山林も、久原に勧められて買った大阪市街の一等地の土地も、すべて差し押さえられた。そして、安藤自身は巣鴨の拘置所につながれることになる。

安藤の側に不用意な点がまったくなかったとはいえないが、それにしてもあまりに厳しすぎる措置である。

安藤は徹底的に闘う決意を固め、六人の弁護団を組織して、逆に国を告訴する。二年間の法廷闘争が続いた——。

その結果はどうだったのか。

「……裁判が進むうちに、国側の旗色が悪くなってきた。そこで『告訴を取り下げてくれないか。そうすれば、四年間の重労働は免除しよう』と、国のほうも処置に困って、あの手、この手で妥協をうながしてくるようになった」

「……当時、家族たちの生活を考えると私の正義を押し通すのも限界にきていた」

「……弁護団は『ここまで頑張ったのだから勝利まで闘おう』と励ましてはくれたが、私は潮どきではないかという気持ちに傾いた。国に対する告訴を取り下げると同時に、私も

無罪放免となった。しかし、国が競売にした財産はそれっきりだった」（いずれも『奇想天外の発想』より）

安藤が獄中にいる間、従業員や給付生たちは散り散りバラバラ。安藤の各事業は事実上崩壊してしまう。

腹心の部下の一人が、わずかに残っていた財産を処分し、退職金に当てたという。

悪いことは重なるものである。獄を出て捲土重来を期していた安藤のところに、新しくつくる信用組合の理事長になってほしいという話が舞い込んでくる。

これに安藤は飛びついたのだ。

「『名前だけでけっこうですから、安藤さんのような事業家がトップに座るだけで重味が増し、信用もつきます』苦労したあとだけにこうしたおべんちゃらに弱くなっていた。私はおだてと知りつつも、それに乗って、理事長のポストを引き受けてしまった。

……最初のうちは順調に運んでいた。私の信用度も捨てたものではなかった。担当者をつれて心斎橋筋あたりをひとまわりすると、一日のうちに五千万円もの預金が集まった。しかし、やがて雲行きが怪しくなる。貸し方がルーズだったし、銀行業務にうといから適切なチェックができない。下の者にまかせっきりのところがあった。

無知であるための処置の誤りもあった。あちこちで不良債権が発生してきた」（『奇想天外の発想』）

この信用組合は昭和三十一年に取りつけ騒ぎを起こし、倒産。理事長である安藤は背任罪に問われ、執行猶予つきながらも有罪刑が確定する。

「今度こそ、身ぐるみはがれ、わずかに池田市のささやかな住宅が一軒、残されただけだった」

〝日本一の大金持ち〟といわれた安藤も、ついに裸同然の身の上となる。ここから安藤の〝ラーメン人生〟は始まるのだ。

二章

チキンラーメンはいかにして創られたか！

――〝ひらめき〟をどう商品化すべきか？

破産からの挑戦――

「転んでもタダでは起きるな。そこらへんの土でもつかんでこい」

「池田に引きこもると、私の身辺は、急に静かになった。世間的にいえば、私は破産した男である。いろいろの事業からすべて手を引き、昭和三十二年ごろから、即席めんの開発に賭けることになる……」(『奇想天外の発想』)

安藤はすでに四十代の半ばを過ぎていた。国籍は日本の独立と同時に日本籍に戻っていた。それにしても、これまでの半生を振り返ってみると、あまりにも振幅の大きい人生ではなかったたか。二度の獄中生活も体験した。栄華をきわめたかと思えば、ドン底の辛酸もいやというほどなめた。

普通の人間なら、エネルギーが燃えつき、再び立ち上がる気力を失ってしまったとしても不思議ではない。

が、安藤は次なる事業に向けて、衰えぬ意欲を燃やし続けていた。裸一貫になって安藤が夢想したのは、今度こそ食品事業に身を賭してみようということだった。

〝食べ物〟こそが商売になる！――

「私は一度、豚になった。そこからはい上がってきたとき、〝食〟をつかんでいた」

安藤が食品事業に関心を持ったのは終戦の翌年、疎開先の兵庫県上郡から大阪に戻ったとき、やせこけた人たちが粗末な食物を求めてヤミ市をさまよっているのを見たのが直接のきっかけだったという。

安藤は『奇想天外の発想』の中で「……この時期に〝食がすべての原点にある〟という思いはますます強まった。……戦後の復興にまず第一に何をすればよいか、結論はおのずから明らかだった。空腹を満たし、飢えから解放されなければならない。食からすべての建設は始まる。食品産業こそ、人類社会に対してもっとも貢献度が高い分野であることを、私は確信した」と書いている。これは少々かっこ良すぎるとしても、戦後の混乱と食糧難の世相が、商人・安藤百福に〝食べ物は商売になる〟とのヒントを与えたであろうことは間違いない。

だからこそ、安藤は戦後のスタートを国民栄養科学研究所や中交総社の設立という、広義の意味での食品関連の事業で立ち上がったのである。

ただし、戦後しばらくの間は、前にも述べたように安藤には金があり余っていたので、シャカリキになってそれらの事業を〝金儲け〟に結びつける必要はなかったのである。

しかし、時代は移り、昭和三十年代に入ってからの安藤は、かつての〝日本一の大金持ち〟ではなかった。事業家としてもう一度、第一線に返り咲くには何か画期的な新商品を開発して事業化しなければならない。それが安藤にとっては〝めん〟の事業化であり、即席めんの開発だったのである。

〝私が麺に執着する理由〟――

「食は文化の原点である。とすれば外国の食生活に慣れ切ってしまえばその民族の精神をも失うことになる。東洋には麺という伝統がある。わたしが麺に執着するのは、そのせいでもある」

安藤は、まだ日本がアメリカの占領下に置かれていた頃、国民栄養科学研究所を通じてラーメンの事業化に着手しようとしたことがある。それは次のようないきさつがあったからだ。

当時の日本は食糧事情が悪く、アメリカからの食糧援助でかろうじて食をつなぐ状態にあった。アメリカからの食糧援助とは、具体的にいえばアメリカ国内で余剰になった小麦やトウモロコシ。それを進駐軍は食糧援助という名目で日本に持ってくる。そのかわりに進駐軍は日本政府に粉食奨励を義務づけた。

つまり、アメリカにすれば、日本に対して食糧援助という形で恩を売ると同時に、余剰農産物を消費できるという一石二鳥を狙った政策である。そのため、日本政府は厚生省が中心になって粉食奨励策を積極的に進めることになるのだが、その柱がパン食の普及だった。

これに安藤は異を唱える。

安藤には粉食といえばパンばかりというのが不満だった。当時の安藤は国民栄養科学研究所の関係で厚生省に出向くことが多かったが、あるとき厚生省の役人に対して、こうねじ込んだという。

「粉食イコール、パンという考え方は日本の食習慣にマッチしていない。パン食には本来副食物がたくさん必要なのです。ところが、日本人はお茶だけでパンを食べている。これでは栄養が偏ってしまってまずいのでは。東洋にはめんの伝統がある。日本人が好むめん類を粉食奨励になぜ加えないのか」

だが、厚生省の役人は安藤の意見にとり合ってくれない。

「それなら安藤さんがやったらどうか」と軽くあしらわれてしまう。

そういわれても、安藤にはめん類に対する知識はまったくない。そのときは黙って引き下がるしかなかった。

行列をなす屋台からの発想——

「新しい事業は、独創的な商品を開拓していく所から生まれる。本業と周辺の仕事を見直し、身近なものから伸ばすべきである」

ちょうどその頃である。大阪・梅田駅前の阪急百貨店の裏の路地には、夜になると雑炊やスイトン、ラーメンなどを商うにわか仕立ての屋台が軒を並べていた。安藤はその前を何度となく通ったが、いつも目につくのはラーメンの屋台にできた長い行列だ。

安藤は「日本人はなんとめん類の好きな国民だろう」と改めて実感する。と同時に、待たないで、いつでもどこでもすぐに食べられるようなうまいラーメンを開発すれば絶対に売れるはずだ、との確信を持つ。

思いついたことはすぐにやってみないと気がすまない安藤である。だが、当時の安藤はやりかけの仕事があちらこちらに散らばっていて、自分で開発に取り組むには多忙すぎたという。そこで国民栄養科学研究所の所員にやらせてみようと考える。が、彼らは乗ってこなかった。

「（ラーメンの事業化といっても）彼らには夜泣きソバ屋、屋台のラーメンしか頭に浮かばないようだった。要するにラーメンというのはみみっちい商売でプライドが持てない。研究や事業化の対象にするにはあまりにもありふれているし、第一、事業としてはものにならない、という意見が圧倒的だった」（安藤）

やる気は十分あったが、そのころの安藤には緊急の課題というほどのものではなかったので、研究所の所員が取り上げないまま、せっかくのテーマは安藤の意識の底にしまい込まれてしまったという。

裸一貫の安藤は、この〝古くて新しい〟テーマに再チャレンジすることを決意したのである。

独創性はベストセラー商品の原点――

「オリジナリティを持て。オリジナリティを持たない商品は、大きな競争をともなうし、労多くして益は少ないものである」

商品には最もすばらしい付加価値を！――

「私たちは消費者に『時間』を売っているともいえる。これこそ、即席食品の最もすばらしい付加価値である」

安藤はラーメン開発にあたって、まず次の五つの目標課題を設定した。

①おいしくて、あきがこないこと。

「それなりの味はする、だけど、積極的に買ってみようとするほどではない――。これではダメだ。味覚は習慣である。食べ続けるうちに、忘れがたくなる。戦後、アメリカ軍と一緒に入ってきたコーラを思い出していただきたい。最初のうち、あんな薬くさいものは誰も口にしなかった。いまでは、乳離れをしたばかりの幼児でも飲んでいる。美味であっても、あきがきてはいけない。毎日食べて、それでも翌日またほしくなるようでなければ大量生産にはこぎつけられない……」

②保存性があること。

「チキンラーメンが世に出るまでラーメンは家庭の味ではなかった。屋台や中華料理店、のちにはラーメン専門店も繁盛するが、ともかく外で食べるものだった。保存性ができて初めて常備食となり、家庭の味になりうる」

③調理に手間がかからないこと。

「調理に手間がかかったのでは既存の食品と変わらない。ワンタッチで食卓にのぼらせることができてこそ、忙しい現代生活に受け入れられ、食文化を改革することができる」

④安い価格であること。

「金に糸目をつけないのなら、現代の技術をもってすればいくらでもよいものができる。しかし、一般大衆の口に入らないのでは意味がない。チキンラーメン発売後も、コストダウンは常に私のテーマだった。即席めんは物価の優等生といってもさしつかえない」

⑤安全で栄養豊富であること。

「原料のチェックは当然のこととして、生産工程、包装材料、流通経路のすべての過程で安全が確保されていなければならない」

この五つの条件を備えたラーメンを開発すれば、おのずと大量生産、大量販売ができると安藤は考えた。最初からラーメンの量産、量販に狙いをつけたところが、安藤の安藤たるゆえんといえよう。

たび重なる失敗が一歩の前進を生む――
「開発のリーダーに絶対必要なのは、安易に妥協しない頑固さである」

　安藤は自宅の裏庭に十坪ばかりの粗末な小屋を建て、それを即席めん開発の研究室とした。設備といっても大阪・日本橋の道具屋筋で見つけてきた製めん機ひとつである。ひとりだけの孤独な作業が始まった。

　まずはラーメンのスープの味だが、安藤はトリガラをベースにしようと決めていた。それはこんな〝事件〟があったからだ。

「自宅の庭でニワトリを飼っていて、卵をとったり、ときどきは締めて食べていた。あるとき、調理中に仮死状態だったトリが急に暴れ出して、その返り血が次男の宏基の顔にかかった。幼い子供にはショックだったらしく、以後、宏基はトリ肉はもちろん、好物だったチキンライスやチキンカツもいっさい受けつけなくなった。ところが、家内の母がカシワのガラを買ってきて、それをたき出してラーメンをつくって家族に食わせたところ、宏基は喜んで食べた。

人間は姿、形がわからなければ何でも食べるんだということを知ったわけです。それで即席めんのだしはトリでとろうと決断したわけです」（安藤）

次は味つけである。お湯を注いだだけで食べられるようにするには、めん自体に味つけしなければならない。そこで安藤は小麦粉を練るときにあらかじめつくっておいたスープを加えて製めん機にかけてみた。ところが、出てくるのはボロボロに切れていて、とてもめんとはいえない代物だった。あるいは、ダンゴ状になって製めん機にへばりついてしまうのだ。

安藤は小麦粉の粘着力が不足しているためではないかと考え、つなぎとして卵やカタクリ粉、ヤマイモなども使ってみた。しかし、うまくいかない。が、スープを練り込まないでやってみると、うまくいく。

そこでスープもいろいろと改良した。スープの中に入っている肉などの細かい粒が悪いのかと思い、漉したりもしてみたが、やはりダメ。調合を変えて一日に三度も四度も繰り返す。朝五時に起き出して作業にかかり、寝るのが深夜の二時三時になることも珍しくなかったという。

「実は、めんがボロボロになるのは小麦粉の中にグルテンというタンパク質があって、これは粘着力がある。ところが、塩分が入るとこの粘着力がバカになってしまうんです。こんなことは何度も失敗しなければわからない。何度も失敗を重ねてやっとひとつのことがわかり、一歩ずつ、わずかに前進する。こうして異物と粘着力の許容限度や水加減、火加減、味加減のバランスをつかんだわけです」（安藤）

スープの味が決まり、味つけめんもどうやら思い通りにつくれるようになったところで次の関門は、どうやって保存性を高め、なおかつ即席めんの命ともいうべき、お湯をかけてすぐに食べられるようにするか、ということだ。保存性を高めるには乾めんのように乾燥させればいいことはすぐわかる。だが、それだけでは完成品にはほど遠い。安藤の試行錯誤はなおも続く。

「人類は有史以前から食物の保存に知恵をしぼってきた。気まぐれな自然の中では不作、不漁は避けられないからだ。塩蔵、乾燥、燻製など、さまざまな工夫がされている。これらをためしては、捨てていった」

安藤は天ぷら料理にヒントを得て、油を使った乾燥処理の方法を講じることにした。

「最初、油熱も多くの乾燥法のひとつであったにすぎない。油ということになっても、道はまだなかばである。水分の加減、熱処理の時間、油の温度によってでき上がりはまるで違ったものになる。組み合わせは無数にある。製めんしては、油で揚げ、スープを入れて食べてみる。

〝あかん。めんに歯ごたえがない。ほかしてしまえ〟

〝固うて、どうにもならん〟

せいぜい、ニワトリの餌にしかならない試作品ばかりができた。

しかも、小屋がけの実験室にあるのは、大鍋ひとつだったから、こうした作業を連続してできない。ニワトリのスープをとったあと、鍋を洗い、油を入れてめんを揚げる。古い油を捨てて湯をわかす。その繰り返しだった」(『奇想天外の発想』)

チキンラーメンの発想――「この商品は絶対に売れる！」――

「チキンラーメンの発想にたどりつくには、四十八年間の人生が必要だった。過去の出来事のひとつひとつが、現在の仕事に、見えない糸でつながっている。そのことが、私にはわかる」

この頃になると、家族が総出で安藤の作業を手伝った。

安藤がとくに苦心したのは、めんを油で揚げる前の水分の含み具合である。めんを熱した油に入れると瞬間的に水分をはじき出してボツボツの穴がたくさんできる。いわゆる多孔質になるわけだが、水分が多いと多孔質の穴が大きくなり、水分が少なければ穴が小さくなる。そのちょうどよい水分の量を探り出さなければならない。

というのは、この穴がお湯をかけて戻すときのめんの固さを左右するからだ。穴が大きいとめんは柔らかくなりすぎるし、小さいと戻すのに時間がかかるのである。

そのうち、めんを手でさわっただけで、水分の含み具合がわかるようになった。油熱処理したあとの、お湯をかけたあとの戻りも満足できるようになった。スープの味にも自信がもてるようになった。

試作品を知人に試食してもらったところ、評判がいい。東京のデパートに試作品を出してみると、即日完売で追加注文がきた。

安藤は「この商品は絶対に売れる」と確信する。

昭和三十三年八月。このとき安藤はすでに四十八歳になっていた。

三章

大衆の心を掴む！

――壁をぶち破った市場開拓と宣伝戦略

壁をいかに乗り越えるのか――

「新しい商品は新しい流通の仕組みで売られるべきだ。インパクトの強い商品だから必ず売れるという自信があった」

チキンラーメンの試作品に自信を持った安藤は、さっそく大阪市・東淀川区十三に約一千平方メートルの土地を借りて大量生産にとりかかる。裸一貫で即席めんの開発に取り組んだ安藤には、土地を買いたくても資金がなかったのである。

さいわい借りた土地には古い倉庫跡の建物が建っていた。その建物を工場代わりに使うことにした。安藤お得意の〝廃物利用〟である。

安藤が、初めて考案した製品だけに、設備は既製品では間に合わない。ひとつひとつ手さぐりで準備を進めなければならなかった。

めんを油で揚げるためのワク型は針金で骨組みをつくり、網を張って自作した。鍋で油を熱し、ワク型に入れためんを二枚重ねの軍手をはめた手で揚げた。熱くて、つらい作業だったという。

「最終目標は大量生産方式であるにしても、そのころは、町工場の域にも達していなかった。いわば、工業化のためのテスト・プラントといった段階だった。池田での開発、試験は、ここへきても、続けられた。

水分の含み具合、湯をかけたときの戻りの条件など、何度も微調整を繰り返した。小規模とはいえ、生産となると、池田での開発時とは、ずいぶん勝手が違った。めんに味つけするスープの味をコンスタントに調整するにも、苦労を重ねた。原液を薄めて使用することにしたが、ちょっと時間がたつと、味が微妙に変化してしまうのだ。薄める水の温度でも、味にバラつきが出た。冷蔵庫に原液を保存し、何度も試行錯誤を続けた」（『奇想天外の発想』）

包装紙にはラミネート加工したセロファンを使った。その袋に手作業で揚げたチキンラーメンを入れ、足踏機械でひとつひとつシールする。一家総出の作業である。

安藤は商品化されたチキンラーメンを大阪中央卸売市場の食品問屋に持ち込んだ。実際に湯をかけ、試食すれば、良さはわかってもらえる……。安藤は自信満々だった。

だが、試作品を東京のデパートに試験的に出荷したときにはあれほど好評だったのに、いざ食品問屋に持ち込むと、反応は意外にも冷たかった。

「こんなけったいなもの、どないもなりますかいな。持ってお帰り」

問屋が相手にしてくれない理由のひとつは一袋三十五円という小売価格が高すぎるということだった。当時はうどん玉が一個六円、三十五円あれば乾めんが二つ買えた。

もうひとつ、問屋が目をむいたのは、安藤が持ち出した現金取引という条件である。安藤にいわせれば「新しい商品は新しい流通の仕組みで売られるべきだ。インパクトの強い商品だから必ず売れるという自信があった」ということだが、九十日か百二十日の手形が常識の世界、しかも、チキンラーメンがまだ海のものとも山のものともわからない段階ではとうてい無理な話だ。安藤は足を棒のようにして問屋まわりをするが、なかなかチキンラーメンを置いてくれるところはなかった。

「それでは置くだけ置いてみて下さい。代金は売れてからで結構です」

不本意ながら安藤は譲歩せざるを得なかった。

「それならば」と置いてくれる問屋がポツポツと増えてきた。

宣伝は需要を爆発させる起爆剤――

「売ろうとして宣伝するのではない。売れるから宣伝するのだ。そのためには、商品が有益なものでなければならない」

問屋まわりをする一方で、安藤はとにかく一般の消費者にチキンラーメンの良さを知ってもらおうと、新聞に一段通しの広告を出したり、デパートでの試食販売にも精力的に取り組んだ。サンプルのつもりで送ったアメリカから「何ケースでもいいから、すぐに送ってくれ」という注文が舞い込んできたのもこの頃である。

こうした努力が実を結び、チキンラーメンは徐々に消費者の中に浸透していった。とくに広告の力は大きかった。

広告代理店の話にのって『朝日新聞』に「お湯をかけて二分間で食べられる」という一段通しの広告を出したところ、問い合わせがどっと殺到したのである。

しばらくすると、現金取引はおろか、チキンラーメンを置くことすら渋っていた食品問屋から、続々と注文が入ってきた。

〝安藤さん、チキンラーメン、いただきまっせ。百ケースでも二百ケースでも、送ってや。もちろん、現金で支払いま〟

電話を置くと、すぐに次の呼び出しがかかる。

〝なんなら、こちらからバタコ（三輪トラック）で取りにいきまっさ。できるだけぎょうさんまわしてや〟

「消費者の要求が逆流して、問屋さんを突き上げたのである。たちまちのうちに、品不足になった。設備を拡充するといっても、倉庫跡では限界がある。製めん機を四ラインも置けばいっぱいだ。急きょ、人を雇い入れて、徹夜で作業しても間に合わなかった。

当時、ぎりぎり頑張って、一日二万食ぐらいを生産していたろうか。問屋さんから小売屋さんまで、四万、五万円と、現金をふところに入れてやってきた。でき上がるのを待ちかねて、持ち帰るという状態だった。まさに、衝撃的としかいいようのない、需要の爆発だった」（『奇想天外の発想』）

商品が自らルートを開く――

「衝撃的な商品は必ず売れる。それ自身がルートを開いていくからだ」

チキンラーメンの評判を聞いて三菱商事が特約店になりたいと申し入れてきた。「チキンラーメンは並みの発明品ではない。ぜひ、三菱で扱いたい」というのだ。

悪い話ではなかったが、安藤は即答を避けた。

ひとつには、現金を持って工場に買いにくる食品問屋への対応だけで精いっぱいで、三菱商事に商品を流そうにも生産が追いつかない状態だったからだ。

それに安藤には、

「チキンラーメンが爆発的に売れているとはいえ、こちらは町工場に毛が生えた程度の中小企業。三菱商事のような大会社と組んで、飲み込まれはしないか」

という不安もあったという。

いずれにしても、このときの安藤にとっては生産体制を整備することのほうが先決問題だったのである。

魔法のラーメン――日清食品の出発――

「考えたことは行動に移さなければ、成就させることはできない。その気になれば、一日で一カ月分の仕事ができる」

昭和三十三年十二月、チキンラーメンの成功を確信した安藤は、休眠会社同様だったサンシー殖産の商号を日清食品と改め、正式に食品メーカーとしてのカンバンを掲げる。社名を日清食品としたのも安藤のアイデアだった。

翌三十四年三月、大阪市東淀川区田川に本店を移して工場と一体化させ、新たに食料品や調味料などを営業品目に加える。

チキンラーメンは相変わらず売れ続けた。たちまち田川の工場では需要がまかない切れなくなり、安藤は新工場の建設を決意する。

まずは土地探しである。しかし、なかなか安藤の気に入る土地は見つからなかった。安藤のもとに持ち込まれるのはどれもこれも小さすぎるのだ。安藤は将来のことを考えて、最低でも一万平方メートル以上の土地を希望した。

結局、いくつかの候補地の中から選び出されたのが大阪府高槻市の土地だった。

昭和三十四年の春過ぎから、高槻工場の建設が始まる。二階建て、約六千六百平方メートルの建物の中に工場、事務所、従業員寮を入れるという構造だ。

どこにもモデルになる工場はない。設計から設備まで安藤が自分で考え、機械メーカーや大工に細かい指示を与えながらの建設作業だった。

早く工場を完成させないとチキンラーメンの生産に支障をきたす。昼夜休まずの突貫工事が続いた。せっかちな安藤は、建物が完成しないうちから設備を入れ、生産を始める。

「上のほうでは大工さんがトントン音をたてて仕事をしている。事務所は、敷地内に大テントを張って間に合わせた」（安藤）

安藤らしいのは、建物がほぼできかかったところで、屋根に「魔法のラーメン」などと書いた大きな看板をとりつけたことだ。

安藤は高槻工場の用地が線路沿いにあったことに目をつけ、最初から工場ができたときには大きな広告看板をとりつけるつもりだった。この広告の威力は大変なもので、社員募集をしたところ、人手不足のご時世にもかかわらず多数の応募者があったという。

十二月には工場もほぼ完成し、募集した社員が五つの製めんラインについて、本格的な操業を開始する。

問屋が門前市をなす状態は相変わらずで、トラックの列が工場のまわりを二重三重に取り巻いて、製品出荷を待ちかまえていた。

現金取引に徹する――

「『入りを量って出ずるを制する』。これが、企業成功の基本である。経営者が、これを見失ったとき、企業はつぶれる」

安藤が、三菱商事からの再三の特約店契約申し入れにようやくOKしたのはこの頃である。ただし、安藤は相手が大商社といえども現金取引の原則は崩さなかった。三菱側はその代わり原料の仕入れを条件として提示してきた。

それに対して安藤はこう答えた。

「いいでしょう。ただし、原料のほうは三ヵ月の手形決済。その条件ならお受けします」

売るときは現金払い、買うときは手形で、というなんとも都合のいい条件だが、安藤は大商社を向うにまわして、一歩も譲らなかったのである。

現金取引に執着した理由を、安藤は田原総一朗氏とのインタビューの中で次のように語っている。

「私は、ものの貸し借りということが、あまり好かんのです。安易なんだな、そういうのは……。金は後でよい、などという商法は、ぼくは安易なのだと思う。そして、安易さは失敗の元です。それは、初めはたしかに金は後払いで結構です、といって売ってまわったほうが楽かもしれないけれど、その安易さは、商売に対するきびしさ、そして商品に対するきびしさを失わせてしまう恐れがある。お互いなれあってしまって、何ごとに対してもいいかげんになる。それが、ぼくは好かんのですよ。だいいち、貸し売りをしたら、間違いなく値段が高くなります。これは、消費者に迷惑をかけることになり、当然ながら、消費者に喜ばれなくなり、消費者に喜ばれない商品は、結局ダメになります」

が、理由はどうあれ、現金取引に徹した姿勢は、日清食品の資金繰りを大いに楽にする結果となった。

日清食品は、翌三十五年九月に第二工場、三十六年八月に第三工場、十二月に第四、第五工場と矢継ぎ早に生産設備の増強を行うのだが、これらの一連の設備投資をすべて自己資金で賄うことができたのも、現金取引に徹したおかげである。

利用できるものは貪欲に生かせ！――

「広告宣伝でも、自分のアイデア、工夫を大切にしてきた。時代の先端にあるものを常に取り入れるように努力した。利用できるものは貪欲に生かした」

前に、チキンラーメンを、一般消費者に知らしめる上で広告の果たした役割は大きいと書いたが、ここで日清食品、いや安藤百福がチキンラーメン発売当初にとった〝広告戦略〟がいったいどんなものだったかを振り返ってみよう。

チキンラーメンの初めての広告は、前にも述べたように『朝日新聞』に掲載した「お湯をかけて二分間で食べられる」という一段通しの広告だった。反応は消費者からの問い合わせの殺到という形で現れたわけだが、恐らく安藤はそのときに広告宣伝の〝威力〟をまざまざと知ったに違いない。

以来、安藤は「……広告宣伝でも、自分のアイデア、工夫を大切にしてきた。時代の先端にあるものを常に取り入れるように努力した。利用できるものは貪欲に生かした」というのだ。

たとえば――。

「大阪のメインストリート・御堂筋を、百台のトヨエースで大パレードをしたことがあった。トヨエースは発売当初でもあり、まとめ買いでトヨタさんも勉強してくれた。即席めんの広告を車体に大きく描いて、デモンストレーションをやったのである。

ヨーロッパの街では、よく楽隊つきのパレードを見かける。市民が家族づれで休日を楽しみながら、行列を見送っているのは、ほほえましい風景である。私の頭にこのことがあって、大阪府警にずいぶんかけ合ったが、最初のうちは、なかなかクビをタテに振ってもらえなかった。

ようやく許可をもらい、百台のトヨエースが御堂筋を堂々と進むさまは、なかなか壮観だった。人気絶頂のザ・ピーナッツを呼び、音楽隊が華やかさを添えた。当時の新聞の社会面は、写真入りで大きく取りあつかった」(『奇想天外の発想』)

安藤は、徐々に普及し始めていたテレビにも注目し、広告宣伝の媒体として積極的に活用した。

「民間テレビ放送が開始されたのは昭和二十八年だが、テレビが本格的に普及し始めたのは、このころ(昭和三十三年)である。三十四年四月、皇太子のご結婚式が放映されると、国民はテレビの前に釘づけになった。テレビが爆発的に売れ、家電ブームの年でもあった」

「テレビの広告料は、当時、スポット一本二千円ぐらいのものだった。それでも、スポンサーがつかず、テレビ局の営業担当者は、創業のころは苦労されたと聞く。

チキンラーメンを出してまもないころ、この大衆食品をどのようにして一般の人に知ってもらうか、いろいろ試みているときであった。〝テレビは、PR手段としては、いちばんわかりやすくていいのではないか。広告料も安いし、ひとつやってみるか〟と考えて、三十秒スポットを『スター千一夜』という番組に出してみたのが最初だった。

ところが、予想外の反響である。

効果を十分に確認したのち、『イガグリくん』、『ビーバーちゃん』など、初期のテレビ番組のいくつかでスポンサーになった」

「チキンラーメンは、テレビのスポンサーとしては、もっとも早いもののひとつだったろう」（『奇想天外の発想』）

チキンラーメンが電波に乗って全国的にＰＲされると、たちまちのうちに爆発的なヒット商品となった。それを数字で示すと次のようになる。

	〈生産〉	〈売上高〉
三十三年	一千三百万食	
三十四年	七千万食	二億四千万円
三十五年	一億五千万食	十五億六千万円
三十六年	五億五千万食	二十二億一千万円
三十七年	十億食	二十八億九千万円
三十八年	二十億食	四十三億一千万円

まさに破竹の勢いといった急成長である。

異議があるからこそ価値がある――

「異議が多く出るほど、その特許には、実力がある。脅威がない特許は無視されるだけだ。そして、異議をしりぞけて成立した特許は、常に強力である」

チキンラーメンが売れると見るや、十指に余るメーカーがチキンラーメンと同様のネーミングで類似品をつくり、即席めん市場に参入してきた。

その中には日清食品から従業員を引き抜くなどして、ちゃっかり製法を盗用するメーカーも一社ならずあったという。

「チキンラーメンを売り始めてまもなく、ある会社が商品を流して欲しい、と申し込んできた。間に合わない、とお断りしても信用しないので〝きてごらん〟といったのですね。そうしたら、本当に技術者をつれて見学にきたのはいいが、製法を盗んで、自分のところで製造を始めた。現場の従業員を引き抜かれたこともありますよ。月給一万二千円ぐらいが相場のところを、十万円も出してね。特許のことなど初めのうち、まるで頭になかった

んです」（安藤）

十社はやがて百社になる。ほとんどが中小企業だったが、日本水産、大洋漁業、日魯漁業、宝幸水産、丸紅飯田（現丸紅）、明治製菓といった名のある会社も含まれていた。日清食品は製法や商標などの盗用に対しては裁判で争うことになるが、とくに安藤が腹を立てたのは商標の盗用である。

「当時は『チキンラーメン』という呼び名がそのまま即席めんを意味する普通名詞となっていたほどで、チキンラーメンと名づけなければ、あまり売れなかったろう。『チキンライスがあるのだから、チキンラーメンという名前は誰が使用しようと文句はあるまい』という論法だった。

こちらから見れば勝手な理屈である。日清食品以前にインスタントラーメンはなかったから、当然、チキンラーメンもないはずだ。それを私は自明の理と考えていた。

膨大な宣伝費を投じ、自ら街頭に乗り出して、試食販売もした。短期間のうちにチキンラーメンの名をひろめ、庶民の味とするために精を出してきた。普通名詞化したのは私たちの努力のたまものなのだ。それなのにチキンライスと一緒にされてはたまらない」（『奇想天外の発想』）

昭和三十六年九月、安藤たちのいい分が通り、チキンラーメンは周知商標として認められる。その年、日清食品は東京に初めて出張所を開設し、東京進出の足場とした。また、同じ年、新製品の第二弾として「プラスカレー」を発売。さらに初めての消費者向けキャンペーンの「チキンラーメン・プラスセール」を実施する。

それにしても、このように大小入り乱れて多くの企業が即席めん市場に新規参入するということは、それだけ市場の成長性が大きいことを意味するが、別の見方をすれば〝即席めんらしきもの〟はその気になれば誰でも簡単につくることができたということだろう。

たしかにチキンラーメンは、まぎれもなく安藤百福の〝画期的な発明〟によって生まれた〝画期的な商品〟ではある。しかし、製法自体に誰にも真似のできない特別な技術が盛り込まれているかといえば、そうではない。もちろん、細かいところの微妙な工夫、度重なる苦労の末に会得したノウハウがあり、〝特別な技術がない〟などといえば、安藤は怒るかも知れない。しかし、あえていえば、真空管がトランジスタに、トランジスタがＩＣに取って代わったような〝すごい技術〟ではなかったろう。

だから、いったん市場に出てしまえば、コロンブスの卵ではないが、「なんだ、こんなことか」、「これならわれわれにもできる」といった具合で、他の業者がチキンラーメンと似たような商品をつくるのはさして難しいことではなかった。

そして、うかつといえばうかつなことに、安藤がチキンラーメンの製法を特許出願したのは、製造・販売を始めてから半年近くもたった昭和三十四年一月だった。安藤は「生産に追われて、特許のことなどまったく頭になかった」というが、結果的にはこの特許出願の遅れが、後に特許紛争を引き起こす大きな因となる。

昭和三十四年一月に日清食品が特許出願した「即席ラーメン製造法」の内容は次のようなものだった。

「小麦粉、かん水、塩水、油ショウガ汁液、鶏卵などの原材料を練り合わせ、めん状（厚さ〇・三ミリ、幅三ミリ）とする。これを八～十分蒸熱処理し、動植物調味料、香料などでつくった濃縮調味液を加温して、あんに噴霧、予備乾燥する。さらに、高温（百三十～百八十度）の動植物油で瞬間揚げ処理する」

チキンラーメンの製法は現在でも基本的にこれと同じだという。

ところが、この日清食品の特許出願と相前後し、いくつものめん類特許が出願されたのである。その中で後にチキンラーメンの特許と争うことになるのが張国文氏の「味付乾麺の製法」と大和通商の「素麺を馬蹄形状の鶏糸麺に加工する方法」の二つ。

「これら三特許とも昭和三十五年秋、相前後して公告となり、昭和三十七年から三十八年にかけて登録され、特許として認められた。

それぞれに異議、無効の申し立てがあったが、私の特許に対する異議申し立ては五件あった。そのうち三件が取り下げ、二件は却下された。昭和三十七年六月、特許登録されてから、無効審判請求が二件あったが、いずれも取り下げられた。こうして、日清食品の特許が確立し最終的にこちらの主張が認められた……」（『奇想天外の発想』）

煩雑になるので、昭和三十五年から三十八年にかけての特許紛争の詳しい経緯はここでは省略するが、結局、食糧庁の斡旋で昭和三十八年九月に和解が成立。日清食品の「即席味付けラーメン」、大和通商、第一食品の「スープ別添即席ラーメン」の特許が認められることになる。

だが、裁判では製法特許は認められても、業者の乱立、乱売、そこから必然的に生み出される粗製乱造、即席めんの品質低下といった問題は残った。放置しておけば、業者共倒れの危険性さえはらんでいる。

そこで安藤は、互いに激しく角突き合わせていた業者を説得し、「社団法人・日本即席ラーメン工業協会」を設立、自らその理事長に就任した。昭和三十九年九月のことである。

設立の目的は「即席ラーメン業界は過去、無計画な拡張の結果、多くの矛盾と不均衡が生まれた。過当競争、値崩れの防止、品質の改善、消費開拓のための広報・宣伝、税制上の優遇措置などを通じて、安定成長の基礎的条件を整える必要がある」というもの。

この協会には当初五十九社が参加。その後「日本即席食品工業協会」と名を改めた。

売って売って、売りつくす！――

「毎年三〇％以上の業績向上を確実に達成することを目標に、全社員の勤労意欲を高めよ」

昭和三十八年十月、日清食品は東京、大阪の両証券取引所に二部上場を果たす。安藤がチキンラーメンを発明してからわずか五年目のことだった。

その後、しばらくの間、安藤は、急成長でひと足飛びに上場までこぎつけた日清食品の社内体制を整備するのに精力を注いだようである。

上場の翌年、昭和三十九年の正月に発行された日清食品の社内報『みち』の創刊号に安藤の年頭の辞が載っている。当時の様子がうかがえるので、抜粋してみよう。

＊　＊

□チキンラーメンを育て、満五年。今年は六回目の正月である。その間に相次いで生まれたプラスカレー、ニュータッチ、スナック、それに昨年は焼そばとニュープラスカレーが加わり、これら姉妹品も幸いにしていずれも健やかに成長し、いまや全日本はおろか、遠く海外にまで親しまれ、愛され、わが日清食品もようやく一人前の形と、ある程度の実績をあげるようになったことはまことによろこばしいことである。

□ことに昨年は広く一般のご要望にこたえて当社の株式を公開し、日々商品のご愛用を願うばかりでなく、直接経営に参加していただく道を開くなど、その成長ぶりは食品業界にも例のないものと過分の評価をうけるに至って、われわれはいよいよ責任の重大さを思うとともに、本来の理想実現への希望を新たにする。

□しかしながら、ひるがえって当社の初期の計画からすれば、〝設備〟、〝技術〟、〝人員〟それによる生産販売も実はかろうじて基礎をつくることができたというのが過去五ヵ年間の成果にすぎない。なるほど形は飛躍的に膨脹し、一挙に大企業の列に入り、恰好は整ったものと見られるが、会社をあげて常に能率よく計画にくるいがなく、各部署が完全に機能を発揮するには至っていない。

□そこで、第二次五ヵ年計画の第一年目の今年として特に強調しておきたいことは、今後毎年三〇％以上の業績向上を確実に達成することを目標に、全社員の勤労意欲を高め、生産の合理化を図り、販売機能の整備促進をするということである。（中略）

ことに本年は同業者も急増し、競争がいっそう激烈になる傾向にあるので、わが社がいつまでも優位な立場を持続するには、一般消費者大衆に良質な製品を安く提供できるよう量産し、各取扱業者にも適正な利潤が得られるような販売機構を再整備しなければならないのである。

□すなわち本年の施策目標は①勤労意欲の高揚、②生産の合理化、③販売流通機構の再整備の三点にある。

相手はゲリラ戦で向かってくる！——

「販売状況は他人にまかせず自分でつかめ。自らの足で歩いて確認し、身を以って情報収集したものには重みと説得力が加わる」

食品は品質が命——余剰を排除せよ！——

「余りものには原価がないと思え。需給のバランスがくずれて、在庫をかかえてしまうと原価を回収するどころか、逆に出費をともなうはめになる。過剰米をかかえた国の食管会計を見れば明らかである」

安藤がこの時期、「販売流通機構の再整備」を経営の最重点課題のひとつにあげたのには理由がある。

日清食品では、チキンラーメンを発売して数年間は、販売面を東食、三菱商事、伊藤忠といった商社に依存していた。なにしろ、まだ満足に会社としての体もなしていない。生産はもちろん、営業から販売まですべて安藤ひとりできりまわしている状態だったからだ。「〝販売はまかせておいてください。その代り、生産のほうは、しっかりお願いしますよ〟そうした商社の申し入れは、需要に生産が追いつかない状態のときは、渡りに舟だった。仕事の立ち上がりから、大量生産が軌道に乗るまで、資金も人も経営力をあげて生産に集中できたのは、大変に効率的だった」（安藤）というわけである。

が、雨後のタケノコのように次から次へと新しいライバルが即席めん市場に参入してきて、販売競争が激しさを増すと、商社まかせの販売にも限界が見えてきた。

「相手はゲリラ戦で向かってくる。商社は、末端で売れても売れなくても、コンスタントに商品を流していく。気がついたときには滞貨の山ができる。食品は品質が生命である。それなのに、商品が長く倉庫などに放置されていると、品質が落ちてしまう。逆に小売店でどんどん売られているのに、こちらに素早く伝わらない面がある」（安藤）

もうひとつの安藤の懸念は、社員たちの間に〝自分たちは商品をつくりさえすれば、あとは商社が売ってくれる〟という安易さが蔓延することだった。

「従業員もおいおい増えたのに、商社まかせにしてきたからみんな売る苦労を知らない。売り手市場が続いて、酔いしれているところがあるのではないか。一般消費者向けの商品を製造していて、それが売られている現場を知らないのは恐るべきことだ」（安藤）

そこで安藤は上場を機に、販売のやり方を改めることにした。つまり、一方ではこれまでどおり商社のルートは活用する。他方で問屋、特約店の組織化、販売促進については日清食品自身で独自に行うことにしたのだ。

日清食品は上場後も、昭和三十九年（売上高五十八億四千万円）、四十年（同六十六億二千万円）、四十一年（同八十七億二千万円）と順調に成長を続ける。

が、この間の業界の動向、自社の成長、いずれも安藤にとっては満足できるものではなかったようだ。

その〝不満の弁〟を社内報『みち』の年頭の辞から拾ってみると――。

*　　*

まず、昭和四十年の年頭の辞。

「……昨年（三十九年）は……結局、世間の一般情勢は不況ムードに終わってしまった」

「……メーカーの乱立と思い思いの設備増強の結果は、昨年後半に至って遂に生産過剰となり、各地の市場には甚だしい乱売が目立ってき始めた」

「……わが日清食品では、昨年はまずかねて計画中であった横浜工場を完成し、生産並びに販売と管理体制を整えることによって飛躍的目標達成に挑んだのであった。しかしながら、その結果、横浜工場はほぼ予定に近く完成したものの、右のような業界の状況の影響と、たまたま夏の『焼そば』事故による消費者の不信などによって、業績は目標達成に至らずという状態に止まり、かえすがえすも遺憾なことであった」

「……食品の仕事は信頼されればきわめて強く、反対にひとたび不信を買えばまことにもろいものである。まさに昨年はわが日清食品にとっては受難の年であったといわねばならない」

昭和四十一年の年頭の辞。

「……しかしながら、これほど大きな社会的意義と将来性を持つ即席ラーメン業界も、反面においては、今日までの全く無秩序なメーカーの乱立と過当競争に次いで、一昨年来の全般的不況により、あるいは経営のいきづまり、果ては乱売による市場の混乱など、由々しい傾向のあることはすでに否めない事実であります。

ほかの物価は軒並み値上がりしているにもかかわらず、目下のところひとり即席ラーメンのみが値下げをたどっております。なるほど社会的に欠くべからざる主食ともなれば値段はできるだけ安く供給するのが当然です。しかし、目下の状況はさにあらず、ただむやみな競争や経営不振による投げ売りなどによるもので、決して正常の市場値段ではありません。いわゆる我とわが身を苦しめつつあるのが現状です。

そのため、消費は伸びながら、メーカーも販売店も利益が悪くなるという、まことに困った不健全な傾向として業界の根本的な問題に当面しているといえます。

こうしたことも予想して、わが社はかつて特許の尊重によって業界の秩序化を期し、みんなが正しく儲かる堂々たる事業に発展させようと努力したのでしたが、遺憾ながらその真意も容れられず、逆に今日の混乱を招いたことは、かえすがえすも残念です」

この年頭の辞を見る限り、安藤がいかに即席めん業界の秩序維持に心を砕いていたかがよくわかる。もっとも、日清食品自身の存続にもかかわる問題だから当然といえば当然だが……。

そうした中で安藤は、混乱の続く国内市場を脱して、即席めんを何とか国際商品に育て上げることはできないかと考えていた。と同時にポストチキンラーメンの開発も合わせて脳裏に浮かべていた。

安藤がポストチキンラーメンたるべく新商品に与えた開発の条件は次の三つである。

①国際性があること。

②即席性がより高いこと。

③新しい包装、容器に盛りこむこと。

やむことなきチャレンジ――――

「企業はチャレンジしないと、同じ所に止まってしまう。人間も同じである」

無限の海外市場を求めて――――

「味に国境はない。しかし、風土、文化の違いを知らなければ、国境は越えられない」

安藤は昭和四十一年にアメリカ、ヨーロッパの視察旅行に出かける。

「〝これだけ日本国内で歓迎されているのだから、海外でも受け入れられるのではないか〟と、かねてから、チキンラーメンを国際商品に育てたいという夢を持っていた。すでに研究所で輸出、海外生産に適する即席めんの開発も進行中だった。三つのターゲットをどう商品化していけばよいか、外遊し、彼らの生活を見ることによって、体験しようとした。

アメリカやヨーロッパの消費者の好みは、日本とは相違点が多いはずである。流通の仕組みも勉強したかった。アメリカの高度なマーケティングの技術は、日本でも宣伝されているところであった。もちろん、優れた食品加工技術も吸収したいと、私の目的は盛りだくさんだった」

だが、実際に現地に赴いて、安藤が発見したのは先進的な技術でも、優れた開発手法でもなかったという。

「〝西洋人は、ドンブリと箸では食事をしないのだな〟至極、当然のことに思い当たったのである」（『奇想天外の発想』）

ここで安藤は考える。

「ドンブリと箸を原点に考えられたチキンラーメンが、西欧社会に受け入れられるはずがない。このままの形で海外進出をはかっても大きな市場にはなるまい……」

チキンラーメンは発売当初、サンプル的に輸出したことはあったが、その後はさしたる進展はなかった。とはいえ、日本に駐留するアメリカの軍人やその家族、あるいはベトナム帰りの若い兵士たちの口にはけっこうなじんでいた。

安藤は、彼らが帰国して、かの地で需要を広げてくれることに望みを抱いていたが、即席めんを国際商品に育て上げるには従来のチキンラーメンでは不可能だということをこのとき改めて悟ったのである。

欧米はフォークの文化圏だ。箸でもフォークでも食べられる新たな装いが必要ではないか。箸に代わるフォーク、ドンブリに代わる新しい容器、それが考えられたら日本で生まれた即席めんは世界の味になるはずだ……。

安藤の頭の中は、久しぶりの〝ひらめき〟でスパークしていた。これはカップヌードル開発前夜の話である。

四章

驚くべき商品開発の秘密

——ベストセラー商品（カップヌードル）はこうして生まれた！

新しいものを生みだす力――

「『企業』という言葉は、『創造』あるいは『創製』という言葉と同意語である。新しいものを世の中に生み出していく力がなければ、企業は存続し得ない」

消費者のニーズを読む好奇の目――

「なにごとによらず、自分の周囲にいつも好奇の目を向けるのを忘れてはならない。消費者のニーズや時代を読むヒントは日常生活のいたる所に転がっているではないか」

安藤が「これこそ即席食品の極致」と自画自賛するカップヌードルが発売されるのは昭和四十六年九月のことだが、開発までには四年の歳月がかかっている。

そもそものアイデアは、前にも述べたように昭和四十一年に安藤がアメリカ、ヨーロッパを外遊したときに生まれたという。そのときのことを安藤は『奇想天外の発想』の中で次のように述懐している。

「違った文化圏を歩くと、いたるところ新しい発見に満ちている。

アメリカの大男が、自動販売機に備えつけの紙コップにジュースを注ぎ、飲み干すと、くちゃくちゃに丸めてくずかごに放りこんでいた。訪問した商社の現地駐在員が、紙コップに固形スープを入れ、湯を注いで飲んでいた。

〝なるほど、こういう使い方もあるのか。では、この中に新しい発想による即席めんを入れてみたらどうだろうか〟

帰りの飛行機の中でも収穫があった。

機内食はかぎられた条件に合うようにきびしく吟味され、高度に機能化、工業化されている。食品会社のトップにとっては注目すべき研究の対象であり、工夫のひとつひとつが楽しくもある。しかも、このときは最初の外遊で、すべてのものがもの珍しかった。私はスチュワーデスが配るトレイの中にすばらしいものを見つけた。直径四、五センチ、高さ二センチほどのアルミ容器である。マカデミアナッツを入れ、紙にアルミ箔をコーティングした蓋できっちり密閉してある。いまではジャムやママレードの一回使用分が詰められたりする、あの容器である。当時、日本では見かけないものだった。
容器内を通気から遮断した状態で密閉するにはどうしたらよいかということは、外遊前にいろいろ試みていたが、解決しなかった。そのヒントが帰りの飛行機の中に転がっていた。私はその容器をそっとポケットにしのばせた……」

事業化できるアイデア、できないアイデア――

「事業化できないアイデアは単なる思いつきに過ぎない。本当のアイデアとは、それが具体的な形となって私達の目の前に姿を現わし、成功を保証するものである」

安藤が「即席食品の極致」と胸を張るだけあって、カップヌードルの小さな発泡スチロールの容器の中には、さまざまな〝知恵〟と〝工夫〟が盛り込まれている。
容器そのものが包装材であり、同時に鍋の役割を果たし、食器の役割も果たす。便利このうえない食品といえるが、商品化までには数々の苦労の積み重ねがあった。

①「容器」に隠された〝知恵〟と〝工夫〟とは？

まず容器——。紙コップに目をつけたまではよかったが、それをそのまま即席ラーメン用に使うことはできない。何を容器の素材として使うのか、その実験作業から始めなければならなかった。

陶器、ガラス、紙、プラスチック、金属、発泡スチロールと、考えられるだけの素材を集めて実験を繰り返す。陶器やガラスは割れ易く、重いという理由ですぐに除外した。また、紙やアルミニウムでは熱湯を注いだときに熱くて持っていられない。

結局、安藤は容器の素材には発泡スチロールを使うことにした。

「発泡スチロールは断熱性が高いので湯が冷めにくいし、手に持ったとき熱くない。しかも軽く、厚みがあって、質感がある。新製品の容器としては申し分がないように思われた」（安藤）

新商品の容器の素材には発泡スチロールを使うことに決めたところで、次はデザインの選定作業に入る。

「最上のデザイン、意匠を見つけ出すのもむずかしい作業だった。直観的に決めてしまうと、たいてい後悔することになる。一見、派手でパッと人をひきつけるデザインがある。ところが、この種のものは、えてして、あきがくるのが早い。ポスターや看板のように一過性のものならそれでもよかろう。しかし、商品となれば、五年十年と息長く売れ続けるのが好ましい。だから、目になじみ、生活の一部になりうるものでなければならない」

これが安藤のデザインに対する基本的な考え方だった。安藤はこの考え方にプラスして〝片手で握れる大きさ〟、〝持ったときに手から滑り落ちたり、テーブルに置いたときにすぐに倒れないこと〟という二つの条件をつけて、試作モデルをつくらせた。

西洋皿のようなもの、深皿、スープ皿、コップ状のもの、ギザギザのついたもの、実に三十から四十種類の試作モデルができ上がってきた。

どれが新商品の容器に相応しいデザインだろうか。安藤はこれらの試作モデルを自宅の寝室の枕もとに置き、寝る前と起きたときにジックリと眺めた。それぞれに一長一短があって簡単には決められない。

試作モデルは社長室にも並べておいて、仕事の合間に眺めた。気がつけばスタッフを呼んで意見を聞く。こうして、デザインが決まるまでに一ヵ月以上の時間がかかった。

容器のデザインが決まったところで、今度はそれをつくってくれるメーカーを探さなければならない。いまでこそ発泡スチロールは食品包装として大いに活用されているが、当時はまだ市場に出てきたばかりの段階で、加工技術も十分には確立されておらず、日本国内には発泡スチロールの専用メーカーなど皆無に等しい状態だった。

そんなおり、ある製缶メーカーが「当社に容器をつくらせてほしい」と名乗りを上げてきた。日清食品向けに新たに工場を建設し、発泡スチロールの容器を一手に供給してくれるというのだ。

試しにつくらせてみると、ほぼ満足できるものができてきた。すぐに契約を交わし、これでひと安心と思いきや、ことは簡単には運ばなかった——。

「……生産のロットが大きくなって、納入されてきたカップは欠陥だらけだった。生産工程で底が抜けたり、割れ目ができたりした。四十五年二月にテストセールスを開始したところ、消費者からお湯が漏って火傷をしたというクレームがきた。これではどうにもならない。

結局、あわててアメリカからの輸入に切りかえ、急場をしのがざるをえなかった。しかし、輸入ではどうしても量が不足である。そこで、アメリカのダート社から技術導入し、

合弁会社を設立し、みずからカップ製造に乗り出すことにした」（安藤）

が、カップを自社生産に切りかえるには、解決しなければならない難問が待ち受けていた。というのも自社生産をしてみると、輸入品にはないかすかなにおいがカップにつくのだ。

わずかな違いが消費者の好みを決める！――

「味というものは、微妙なものである。歯ざわりや舌、色彩、それに鼻で嗅ぐにおいなどの、どんな精密な計測器でもはかれない、かすかな違いが、消費者の好みを決めるのだ」

〝かすかなにおい〟を研究所で調べてみると、発泡スチロールの原料であるスチレンモノマーが発する臭気だということがわかった。

スチレンモノマーを重合するとスチロール（ポリエチレン）になる。それに発泡剤を加えて発泡スチロールにし、それをカップの形に成型するわけだが、その工程でどうしてもごく微量のスチレンモノマーがカップに残留してしまうのである。

他の商品なら、この程度のことはさして問題にはならないかも知れない。だが、食品の包装材ということになれば話は別だ。まして、発泡スチロールのカップは容器としても使われる。

「味というのは微妙なものである。歯ざわりや舌で感じるだけでなく、目で見る色彩、鼻で嗅ぐにおいも関係してくる。どんな精密な計測器でもはかれない、かすかな違いが消費者の好みを決める」（安藤）

というわけだから、このほんのわずかなスチレンモノマーの臭気を消すことができなければ、新商品の包装材としては致命的な欠陥となる。

安藤と研究所のスタッフは、なんとかこのにおいを消す方法はないかと必死に研究を重ねる。プラスチックの素材メーカーにも相談してみたが、解決法は得られなかった。水をかけたり、薬品処理をしたり、いろいろ試みてみるが、どうしてもにおいは抜けないのだ。

安藤の試行錯誤は、会社ばかりでなく、家に帰っても続いた。蒸してみたり、外気にさらしてみたり……。およそ考えられることはすべて試してみた。

それから数ヵ月後、解決のカギは加熱のしかたにあった。菓子が入っていたブリキの空缶に入れて熱を加え、ひと晩、放置しておき、翌朝、取り出してにおいを嗅いでみると、スチレンモノマーの臭気は消えているではないか。

安藤は早速、それを研究所に持ち込み、計測してみると、スチレンモノマーは一PPMも検出されなかった。

「工業化の段階では、これをヒントに、容器を成型したのち、最終工程に強制除臭室を設け、熱風を吹き込んで、においの問題を乗り越えた。わかってみれば、たわいのないことだったが、発泡スチロールを食品用に使うには、避けて通れない道のりだった。別に特許は取らなかったけれど、これはいま、世界中が採用するようになっている方法である。

ところで、輸入品にはにおいがなく、国産品だけがにおったのはなぜか。輸送中の船倉で熱が加わり、結果として私が考案したのと同様の脱臭効果があったのである」(安藤)

②「めん」の開発——商品価値を左右した果てしなき試行錯誤

カップの〝においの問題〟は解決した。しかし、この新しい容器に適する即席めんの開発には非常に苦労する。

カップに入れるめんの場合、めんのかたまりの厚みは従来の袋ものと比較して二倍から三倍は必要なのだが、その分厚いめんを油で均一に揚げるのが難かしい。外側が揚がっても中のほうはナマのままで残るし、中まで火を通そうとすると外側が黒こげになる。いろいろ温度を変えてトライしてみるが、なかなかうまくいかなかった。

それに、かりに外側と内側が均一に揚がったとしても、それだけでは十分ではない。湯を注いだときに、ゆでたてのラーメンのように戻らなければ商品的価値はゼロである。

厚みがあって、しかも湯の通りがよいという条件を満たす即席めんを完成させるまでには、例によっていろいろな形のめんをつくって実験を繰り返すなど、なおも試行錯誤が続いた。

「私は創業のころ、めんの油熱処理も自分でやった。また、自炊生活時代には、しばしばテンプラを揚げて楽しんだものである。だから、野菜や魚がどのような過程で油で揚げられるか、よく知っていた。油を入れると、水分を含んだ重い材料は底に沈む。それから、揚がるにしたがって水分が抜けて軽くなり、上に浮いてくる。〝これだ〟と思った。

蒸気で蒸しためんのかたまりを、ぐさぐさしたゆるい状態で油に入れる。熱い油が通っためんから、順次、上に浮いてくる。そこをうまく処理すればよい。あとは応用問題だ。

一食分ずつ、油を通す小さな穴がたくさんあいた鉄型に入れ、上から蓋をして揚げる。でき上がっためんが浮いてくると、蓋にぶつかる。焼き上がっためんが次々に押し上げるから、上のほうが密に詰まってくる。こうすると均一に焼け、しかも上が密で下が疎になる。つまり、理想的なめんのかたまりになるわけだ。そのうえ、蓋に押しつけられて、めんのかたまりの上面が水平になるから、かやくや薬味を乗せやすい。

これまた、ヒントは生活の中にあった。私が現場で仕事をしてきたからこそ、思いついたのである」(『奇想天外の発想』)

商品の死命を制する〝包む〟作業――

「時代が変われば技術は進歩する。新しい素材も出てくる。すでに非常識は常識化しているのだ。古い常識にとらわれていてはそうした時代の変化を読むことはできない」

こうして、めんのかたまりもできた。いよいよこれをカップに収めるわけだが、上が広く、底が狭い逆円錐形の容器にめんを収めることは、安藤が考えていたほど簡単ではなかった。

③逆転の発想――めんを容器の中で〝宙づり〟にする

「〝容器にものを入れる〟〝包む〟といった作業は、たいていの場合、簡単に考えがちである。ところが、ときによると、商品化の死命を制することさえある。私の前に立ちふさがった壁がまさにそれであった。ここを乗り越えなければ、カップヌードルを世に出すことはできない」（安藤）

めんのかたまりを容器より小さめにして、下に落とし込むようにすればストンと入る。だが、これでは衝撃でめんが痛んでしまうし、きちんと固定されていないから、運搬中などのショックでめん自体がこなごなに崩れてしまうかも知れない。また、せっかくめんの上に乗せたかやくも、バラバラになってめんと混じってしまうだろう。

しかも、湯をかけたときに、めんは一様に戻らない。浮いてこないで、底にべっとりとくっついたりする可能性もある。

こうした問題を解決するには、どうすればいいのか。

「底につけてダメなら、中ほどに浮かしてみようじゃないか」

これが長い苦心の末に安藤がたどりついた〝逆転の発想〟である。

「古来、宙に浮かして品物を包むという方法はない。だから、できないし、やるべきではないというのが常識だった。時代が変われば技術は進歩する。新しい素材も出てくる。すでに非常識は常識化しているのだ。古い常識にとらわれていては、そうした時代の変化を読むことはできない」（安藤）

めんを容器の中で〝宙づり〟にするといっても、最初は誰もが半信半疑だった。が、いざやってみると驚くべき数々の利点があることがわかった。

第一に、宙づりのめんがカスガイの役割を果たし、容器を補強する。しかも、しっかり固定されるので、輸送中に少々乱暴に扱われてもめんが崩れることはない。

二番目は、湯をかけてめんを戻すとき、湯が容器全体に平均していきわたり、ムラができない。めんのかたまりを上が密で下が疎につくっておけば、めんが平均的にやわらかくなる。底に沈んでへばりつくこともない。

三番目は、上部の空間にエビや乾燥野菜などのかやく類を体裁よく盛ることができる。

フタを開けたときに見栄えがいいので、商品価値が高まる。

以上がめんを容器の中で〝宙づり〟にすることによって出てくるメリットだ。

「宙づりのアイデアは、いまでは〝中間保持〟の実用新案として確立している。カップ入り即席めんの製法として、いまだにこれ以上の方法はない。というより、宙づりにしなければ商品の価値はいちじるしく劣ることになる」（安藤）

具体化生産への最後の〝ひらめき〟――

「まず理想的な商品をつくってから生産設備を考えよ。生産しやすい商品を開発の第一目標にしてはならない」

宙づりのアイデアは、単にアイデアとしてなら素晴らしいものだった。しかし、次の難関はそのアイデアをどうやって具体化するかということだ。

逆円錐形の容器の中間にめんのかたまりを入れて固定するというのは、言うは易いが実際にはなかなか難しい。

　メーカーの生産現場からいえば、生産しやすく、量産しやすい商品を開発してもらったほうが楽である。どんなに画期的といえる新商品であっても、生産ラインに乗せにくいものは歓迎できない。だから、一般にメーカーが新商品を開発する場合、生産しやすいということを第一目標にすることが多い。

　だが、安藤のやり方は逆である。まず理想的な商品をこしらえておいて、機械でできないはずはない、と生産担当者のシリを叩く。

　今度の場合もそうだった。

「お手あげです。上から棒で押したりすればめんが崩れて、ロスがかなり増えます」

　生産担当者が音を上げた。

「容器をすっきりした円筒形か直方体にしてみましょうか。それなら収まりやすいかも知れません」

　これには安藤がガンとして応じなかった。

「いや、いかん。それでは製品のメリットが半減してしまう。私は上ひろがりの形が理想的だと思う。逆円錐形のままでやってみてくれ」

安藤は部下に研究をまかせるだけでなく、自らも、どうやったら逆円錐形のカップにめんのかたまりを宙づりにして固定させることができるかを考えた。

そして、またまたヒラメクのである。

「昼も夜もそのことばかり考えた。ある夜、寝床の中で目を覚ましたとき、天井が目に映った。寝覚めの錯覚でハメ板がゆっくり回転していた。

天と地が逆になった感じだった。

〝そうか。めんを容器の中に入れようとするから進まないのだ。中身を下に置いて、逆に容器を上からかぶせたらどうだろう〟

めんのかたまりの上にカップをかぶせる。くるっと一回転して落ち着かせると、めんは見事に中間保持されていた」（『奇想天外の発想』）

カップヌードルはこうして誕生したのである。

「企業は一面、冒険をともなう。創造と冒険とは同じ精神の所産である。あえて冒険を試み、それを解決していくところに事業の発展がある」

前にも述べたように、カップヌードルは、最初から日本市場だけでなく、海外市場を狙って開発された商品である。したがって、安藤はカップヌードル開発に一応のメドがついた段階で海外進出を決意する。

日清食品の海外進出計画が一気に具体化するのは昭和四十四年六月。安藤が決算案の説明のために大株主のひとつである味の素の鈴木恭二社長を訪ねたときのことである。

安藤は鈴木社長に自社の決算数字の説明をしたあとで、日清食品がアメリカ市場に乗り出す意向であることを打ち明けた。すると、鈴木社長は即座に興味を示し、「それなら、ひとつ当社にも手伝わせてほしい。ウチはアメリカで味の素を売る販売ルートがすでにできている。日清が生産して、味の素のルートで売りましょう」と応じてきたという。

「その後、日清が五五％を出資し、残り四五％を味の素がもって、アメリカに現地法人を設立するという下相談ができた。ところが、途中から三菱商事も加わりたいと申し入れてきて、結局、資本金三〇万ドル、日清食品八〇％、味の素一〇％、三菱商事一〇％の出資比率で話し合いがまとまった」（安藤）

こうして昭和四十五年九月、カリフォルニア州カーデナー市にアメリカ日清は設立される。〝下相談〟の段階での出資率が変更になったのは三菱商事の参加ということもあるが、それよりも次のような事情があったからだ。


安藤は生産面については絶対の自信を持っていた。すでにロスアンゼルス郊外に一万七千平方メートルの工場用地も確保してある。問題は販売面である。製品はできたが、売れないというのでは困ってしまう。そこで安藤は、自分の目で味の素や三菱商事の販売ルートを確かめるために渡米する。その結果はどうだったのか。

「現地で調べてみると、味の素も三菱商事も私の考えているような販売ルートを持っていないようだ。缶詰とか化学調味料の販売実績はあるが、即席めんを大量に売りさばけるような流通機構をおさえているとは思えなかった。どうも話の歯車がかみ合わない。私は急

に不安に襲われた」（安藤）

そのことを安藤が味の素や三菱商事の現地責任者に率直に言うと「それほど心配なら、調査会社に頼んで、どういう方法でやれば仕事が成り立つか調べてもらったらどうですか」との返事が戻ってきた。

安藤は気がすすまなかったが、仕方なしに調査会社に頼んでマーケットリサーチをしてもらう。

調査費用はアメリカ日清の資本金を上回る三五万ドルという高額なものだった。

その調査結果はどうだったのか。

「従来にない製品だから、リスクは大きい。たとえば、アメリカ人はネコ舌なのに、スープが熱すぎる。また、めんが長すぎるし、スープは脂っこすぎて、肉類の量が少ない。こんな商品が果たしてアメリカに受け入れられるかどうか疑問だ。辛抱強く育てていけば売れるかも知れないが、苦労も多いだろう」というものだった。

結果は思わしくない。安藤はこの調査結果を鵜呑みにしたわけではないが、どちらにしろ、アメリカでのカップめんの市場開拓はひと筋縄ではいかないという予感があった。

いろいろ考えた末、安藤は味の素や三菱商事に頼らずに、日清食品が生産から販売までを一貫して受け持ったほうがベターとの判断を下す。そこで両社のトップに話をして、出資比率を減らしてもらうことにしたのだ。

さて、カップヌードルが昭和四十五年二月からのテスト販売を経て、正式に発売されるのは四十六年九月。アメリカ日清が生産を含めて本格的に稼働し始めるのは四十七年に入ってからだった。

その間、安藤は日米両国を股にかけ、カップヌードルの市場開拓に全力を上げることになる。

類似品との戦い――

「スタートから相手を引き離せ。それが、創業者利益を手中にする唯一の方法だ」

まず国内だが、発売当初のカップヌードルの評判はさんざんなものだった。

たとえば、発売に先立って安藤がカップヌードルを経団連に持ち込み、試食会をやって感想を聞いてみたところ「カップの中にめんを入れるなんて邪道だ。日本のいままでの食生活を冒涜している」とか「めんをフォークで食べるとは、それも歩きながらとは行儀が悪い」、「せいぜい災害時の非常食かレジャー用で、たくさん売れるものではない」といった具合に酷評される。

問屋筋でも「百円とは高いのと違いますか」と熱心に売ってくれそうもない雰囲気だ。そこで安藤は問屋ルートへ流すよりも、消費者に直接ぶつけ、反応を見てから市場へ流す作戦をとる。

ある日の日曜日。安藤と日清食品の社員は総出で東京銀座の雑踏に飛び出していった。ちょうど歩行者天国が始まった頃で、銀座でも自動車を追い出し、大通りでは若者たちがお祭り騒ぎの最中。そこにカップヌードルの出店を出す。そして道行く若者に試食販売を行ったところ、大人気でアッという間に数万食が売りきれたという。

これに味をしめた安藤は、銀座にお湯の出る自動販売機を設置。

その一方で、官庁、病院、学校、百貨店などにも自動販売機を設置する。カップヌードルはヤング層を中心に新しいスナック食品として徐々に定着していったのである。

「われわれは問屋にまかせるより、とにかく売れる仕組みをつくることが先決だと考えた。これはファッション性のある商品だから、まず銀座から投入していくということになり、ベンディング（自動カップめん給湯マシン）を中心に販売することにした。そうすると、若者の人気を集め、カップヌードルを食べ歩く姿が見られた。食べ歩くことが若者のファッションのひとつということが証明されたわけである」（安藤）

しばらくすると、冷淡だった問屋が態度を変え、売らせてほしいと申し入れてきた。その段階で安藤はようやく通常ルートに乗せることにしたのである。

安藤はすでに日本信託銀行の世話で茨城県藤代町に三万一千平方メートルの土地を確保し、三十億円かけてカップヌードル専用の関東工場を完成させていた。

さらに、カップヌードルが全国的にヒット商品となるきざしが見え始めたところで、すぐに西の生産拠点として滋賀県栗東に新工場を建設する。滋賀工場が完成するのは昭和四十八年九月。関東工場にしても、滋賀工場にしても、いずれもサイロに小麦粉を搬入すれば、あとはベルトコンベアで自動的に一貫した生産ができる最新鋭工場である。

それについて安藤は、

「こうした経過になること（カップヌードルがいずれヒット商品になること）はあらかじめ予想

していた。だから（カップヌードルの）売り上げが急激に伸びる前に、すでに過去に例のない投資を準備していた。最初から大規模な最新鋭工場を構想していたのである。模倣を常とする業界にあっては、それが創業者利益を自分のものにする唯一の方法だ。スタートから大きく引き離しておく作戦だった」

と述懐している。

この安藤の〝読み〟は正しかった。日清食品がカップヌードルを発売した翌年の四十七年には、早くも他社から二種類のカップめんが発売される、その後もカップヌードルに追随するメーカーが続出し、四十八年までに十五社、二十六種類のカップめんが市場を賑わすことになる。

しかし、安藤は今度はチキンラーメンのときほどには慌てなかった。

「のちになって、やはり（カップヌードルの）類似品は市場にあらわれた。しかし、従来とくらべれば、後発メーカーはかなりの時間と労力を費やさなければならなかったのではないか。初期の強行策（大規模な生産設備への投資）によって、後発メーカーをある程度引き離すことができたし、そのうえ、今度は特許の面でも万全のガードをしていたからだ」（安藤）

たしかに、昭和四十八年頃からカップめんの過当競争が表面化し、中小入り乱れてのデッドヒートが繰り広げられる。その中で淘汰される企業も出てきた。

たとえば、松永食品もそのひとつ。

同社はカップヌードルの類似品『スナックヌードル』をひっさげてカップめん市場に参入。特許をめぐって日清食品と係争もつかのま、肝心の商品が売れずに業績悪化を招き、八億円の負債を抱えてあえなく倒産したのである。四十九年二月のことだった。

自ら見、聞き、決断を下せ！――

「市場調査の結果とは、過去のデータの集大成にすぎない。建前意見の集約でもある。それだけで、未来を決定することは危険である。

私は調査機関などあてにはしない。〝答えは、直接、消費者から頂戴する〟。自分で見、聞き、実感するのが変わらぬ私の主義である」

一方、時期は前後するが、安藤はアメリカでも日本と同様のやり方でカップヌードルの市場浸透を図っている。

すなわち、調査結果を鵜呑みにせず、自分自身がスーパーの売り子になって消費者の動向を探ったのである。

「もともと私は調査機関など、あてにはしていなかった。日本でもアメリカでも、私のやることは同じだ。〝答えは、直接、消費者から頂戴する〟。自分で見、聞き、実感するのが変わらぬ私の主義である」（安藤）

ロスアンゼルス郊外、東西南北のスーパーマーケット四店を選び、実演販売をする。各スーパーにつき三日ずつ、よく売れる木曜、金曜、土曜日に、安藤もマネキンや通訳と一緒に白衣を着て店頭に立った。

安藤がお湯を注ぎ、たった三分間で〝ヌードル入りのスープ〟にしてみせると、アメリカ人は驚いた。味についても「デリーシャス」と一応は評価し、買って帰る客もいたという。だが、安藤はそれだけでは安心できなかった。

「アメリカ人は陽気で、ほめ上手でもある。新しいものに対する一時的な興味に終わるかもしれなかったから、しばらく注意深いフォローが必要だった」（安藤）

そこで安藤はスーパーの棚に並べられたカップヌードルの減り具合をチェックしてみることにした。

一週間後にもう一度同じスーパーに足を運んでみると、棚のカップヌードルは確実に減っている。これを見て安藤は、ようやくカップヌードルがアメリカでも十分に受け入れられることを確信する。

五章

なぜ安藤百福がNo.1になれたのか！

景気の動向に敏感であれ!――

「会社に無限の寿命があると思うな。会社も人間と同じで、自然のライフサイクルの中にある。いつまでも健康体でありたいという心がまえのよい会社だけが、繁栄を続けることができる」

昭和四十六年度の決算で日清食品は創業以来、初めて減収を記録する。二百五十一億円の売り上げが二百三十六億円に落ちた。

理由はドルショックである。

「昨年(四十六年)の経済界を回顧すればニクソン声明が投じた波紋は余りにも大きい。米大統領が八月十五日に発表した一連のドル防衛策は世界各国に強い衝撃を与えた。アメリカ経済の立て直しをはかるためにとられた緊急対策とはいえ、その影響するところは大である。

一〇%の輸入課徴金、金、ドル交換の一時停止など八項目にわたるドル防衛策および円切り上げ問題は、直接日本経済に甚大な影響を及ぼし、深刻な景気停滞をもたらした。これまで高度経済成長の牽引車的役割を果たしてきた自動車、家電、鉄鋼などの主要産業が、現在では不況色を強めているし、一部の中小企業にあってはドルショック倒産も出てきており、わが国経済のおかれている環境は一段と厳しいものとなってきている。

わが即席食品業界においても、やはり景気沈滞の影響を免れることができず、総需要そのものの鈍化傾向が見られ、それが必然的にブランド競合の激化を招き、苦しい環境下にある…」（安藤・社内報『みち』より）

ただし、売上高は減ったものの、減益にはならなかった。というのも、安藤独特のカンの鋭さというのだろうか、日清食品はいち早くそれまでの棒伸びの拡大経営を見直し、減量経営に入っていたからだ。

それが結果的には、ドルショックから二年後の第一次オイルショックのときにも生きてくるのである。

「……石油危機のときの痛手は軽微だった。日清食品は、むしろ体質を改善することによって、企業の基盤をより強くし、次の大きな飛躍につなげた。私は、未来に対して、なにか予感のようなものがひらめく体質なのかも知れない。日本経済がなお高度成長を続けているとき、将来に危険なものを感じていた。昭和四十五年、日本万国博が終わっても、まだ日本全体は熱気からさめなかった。このまま、バラ色の成長が無限に続くかのような錯覚があった」

「……原油があのような形で暴騰するとは予想しなかったけれども、なにか行く手に不安な影を見たような気がした。

〝おかしいぞ。気持ちを引き締め、経営全般を見直してみよう〟私は全社に経営の再点検を指示した。

別に業績が落ち込んだわけではなかった。世間は好況に酔い、当社の業績もなお、最高を記録し続けるという時期であった。

こうして、オイルショックの始まる一、二年も前から、日清食品は減量経営に入ったのである」（『奇想天外の発想』）

合理化をはかって社内の体質改善――

「節約というのは、消極的にやったのでは、効果はほとんどない。積極的に立ち向かう必要がある」

日清食品は昭和四十七年八月に一部上場に昇格し、表面的には一流食品会社の仲間入りを果たすことになるが、それでも安藤は減量経営の手綱を緩めなかった。

「……必要な投資は惜しまなかったが、しばらくは投資のペースを落とした。そして、あらゆる角度から経営を見直し、徹底した合理化を進めた」

「……（社員に）与えた目標は思い切ってきびしいものだった。

〝五〇％削減に努力しよう〟と呼びかけた。当初、現場は尻込みした……」

「節約というのは、消極的にやったのでは、効果はほとんどない。積極的に立ち向かう必要がある。燃料費の削減につながるためなら設備投資はためらわずに実施した。燃費がかさみ、効率の悪い機械は、躊躇せずにスクラップにし、新鋭機に入れかえた。原価償却が残っていようと、おかまいなしだった。

たとえば、燃料費の場合

その成果には、驚くべきものがあった。この合理化を通じて、生産は増え続けているのに、燃料費はなんと三分の一に激減した。

カップヌードルの工場は、ほとんど自動化されつくした。工場そのものがロボットともいえるものになった。めんをカップに入れてシールする工程は、従来の方法では一人で一分間に三、四個しかできないが、このときに開発したカップマシーンでは、二六〇個をこなした……」

「……そして、オイルショックがきた。日清食品には、ほとんど動揺はなかった。私のところは〝ものかくし〟や〝売り惜しみ〟はしなかったけれど、業績はこれを契機に、着実に向上した」(『奇想天外の発想』)

事実、石油ショック後の昭和四十九年度決算は、売上高で前年比四〇・五%の増収、三三・八%の増益、配当性向が一〇%を割るという好業績。

その直接の要因は、カップヌードルが飛躍的に売れたためだが、安藤がいうように合理化による社内の体質改善も見逃せない。

〝チャレンジと挫折〟――

「細心大胆であれ。情勢をよく見きわめ、検討する。ここまではきわめて細心である。いけるとなれば、大胆に打って出る。多少のリスクには目をつぶれ。失敗もまた、事業計画の確率の中に、常に含まれている」

日清食品はこの昭和四十九年から五十年にかけて、忘れることのできない〝チャレンジと挫折〟を経験するのである。

昭和四十九年八月のある日。赤坂の料亭で行われた日清食品の〝新製品〟、『プリクックライス』の試食会には、安藤と親交のある福田赳夫、松野頼三、園田直、田中龍夫、我孫子藤吉、西村直己といった政治家たちが出席した。

試食したあとで、政治家たちは口々に『プリクックライス』をほめそやす。安藤は満足感にひたっていた……。

『プリクックライス』とは、この時期、日清食品が自信をもって市場への投入を考えていたインスタントライスである。

油熱処理して多孔質になった米に湯をかける。五分間蒸らすと、炊きたて同様の白米、玄米、赤飯、ピラフ、ドライカレー、茶漬けになる。基本的な考え方は、カップヌードルの〝ライス版〟というわけだが、安藤はこの商品をもって、またまた昭和五十年代の食品業界に革命を起こそうともくろんでいたのである。

実は、このインスタントライス、日清食品としてはこのとき初めて手掛けたものではない。それより約十年ほど前の昭和四十年頃から研究開発が始まり、昭和四十三年八月に一度は『日清ランチ』として商品化されたことがある。

『日清ランチ』は箱入りのインスタントライスで、フライパンにお湯を沸かし、そこにライスを入れて二〜三分炒め、最後に調味料をまぜてでき上がりというもの。ドライカレーとチャーハンの二種類を試験的に地域を限定して発売したが、いまいち結果が出ず、二年ほどで撤退したという経緯がある。

したがって、『プリクックライス』は日清食品としてはインスタントライスへの二度目のチャレンジということになる。

調理法については、『日清ランチ』がフライパンと火と皿を必要としたのに対し、『プリクックライス』はカップヌードルと同様、お湯さえあればどこででも食べられるというのが特徴。

まずカップにお湯を満たし、すぐにそれを捨て、カップを逆さにして蒸らすというやり方だ。うまく蒸らすために中ぶたに独特の工夫がされていた。

また、技術的には、米のノンフライ化に成功したことにより、チャーハンやピラフのような妙めものばかりでなく、五目ずしや赤飯などの商品化も可能になる。

安藤が「歯ざわり、味ともすぐれ、即席ライスとしてこれ以上を望むのは無理」と胸を張るほど、商品としての完成度も高かった。

〝売れる商品〟の完成度——

「その商品には、消費者が支払った対価以上の価値があるか。商品の完成度はそれで決まる」

良い商品と売れる商品のギャップ――

「良い商品と売れる商品の間には、常にギャップがある。そのギャップは埋められないこともあるし、時間的なズレにすぎない場合もある。これをよく見きわめる必要がある」

それほどの自信作であっただけに、反響も大きかった。

マスコミはもちろんのこと、古米問題や日本人の米離れに頭を悩ます農林省や厚生省からも称賛の声が寄せられる。問屋やスーパーからは発売前から引き合いが殺到した。あのカップヌードルでさえ、発売当初は問屋から拒絶されたことを思えば、誰が見ても『プリクックライス』の将来は洋々たるものと考えられた。

事実、「出荷開始のひと月目だけで、約五十億円、二千万食以上の注文があった」(安藤)という。

そこで日清食品は、当時の資本金の二倍、年間の税引き後利益に匹敵する約三十億円を投じて滋賀工場内に『プリクックライス』専用の新鋭設備をつくり、昭和五十年十月の本格発売と同時に全国のスーパー、小売り店などに大量出荷。その一方ではＣＭに歌手の松崎しげるを起用し、同社の年間広告宣伝費の約三分の一を投じてテレビを初め、ありとあらゆる媒体を通じ『プリクックライス』の広告宣伝活動を展開する。

「プリクックライスは新しい消費パターンをつくる。これはラーメンどころではないぞ。大変な仕事になるのでは……」

前評判が高かっただけに、安藤は有頂天だった。

ところが、である。ほどなく安藤は厳しい現実に引き戻されることになる。

「営業担当者から、〝おかしな〟報告が入った。

〝追加注文がほとんどありません〟

信じがたいことだった。

〝そんなはずはあるまい！〟

いや、あってはならないことだった。しかし、ひと月後、注文は激減していた。前月とくらべれば十分の一にも満たなかった。では、あの空前の出荷はなんであったのか。流通段階での見込み発注にすぎなかったのか……。

私の背中に冷たいものが走った」（『奇想天外の発想』）

ことの重大さに気がついた安藤は、『プリクックライス』に対する消費者のナマの反応を知るために、何軒かのスーパーを自分の足で回ってみた。

「プリクックライスを一度はカゴに入れる主婦は多い。画期的な商品に興味を示しているのは疑いがない。ところが、隣のコーナーにはさまざまな即席めんが山と積まれている。そこで奥さんたちは考え込んでしまう……。プリクックライスが出るというので、即席めんの業界は迎え撃つための対策を、いろいろ立てていた。一食八十五グラムだった中身を百グラムに増量し、しかも、押し込み販売の結果、値が崩れていた。

奥さん方は、躊躇したのち、たいてい、六個の即席めんの方を選んだ。

〝なぜ、一度、買おうとしたインスタント・ライスをやめにしたんですか〟

私は、追いかけていってたずねた。

〝そうね。よく考えると、ご飯なら家にありますからね。ラーメンは小麦粉から自分でつくるわけにはいかないでしょう〟……」（『奇想天外の発想』）

安藤は深く反省する。

「この商品にかぎっていえば、私はあまりにも自信過剰だった。地域を限定して販売し、様子を見るといった手順を踏まなかった。最初から、いっせい出荷をした。……私は大胆ではあったが、細心ではなかった。当然の答えを受け取ったのである」(『奇想天外の発想』)

プリクックライスが発売前後の勢いを長く維持できなかったのは、つまるところ、購買層の中心である主婦の心をガッチリつかむことができず、物珍しさで一度は買っても、もう一度買おうという気を起こさせなかったということだろう。

「主婦にアピールしなかった最大の原因はやはり味。いくらプリクックライスが商品の完成度が高いといっても、ラーメンなら、ラーメン屋で食べるラーメンの味より多少劣っても、炊きたての御飯にはかなわない。ラーメンなら、家庭で手軽に食べられるという利便性は捨て難い。しかし、話が米となると、職を持つ主婦が五〇%を超えるといわれる現在とは違って、御飯は家で炊くのが当たり前の時代。主婦があえてプリクックライスを買わねばならない理由はなかった。

これに加えて価格の問題。食管行政の米価維持政策のためプリクックライスの原価は通常のラーメンの三倍かかる。発売時のプリクックライス二百円に対して、カップヌードルでさえ百二十円。スーパーなら二百円で普通のインスタントラーメンの六個パックが買えた。価格に敏感な主婦がどちらを選ぶかは目に見えている」(日経ビジネス85年4月1日号)

このまま強引に突き進むべきか、撤退すべきか——。安藤は迷いに迷った。

事業主、安藤に迫られた進退の決断――

「事業はすべて、進むより退く方が難しい。しかし、撤退のときを逸したら、あとは泥沼でもがくしかない」

「もし、プリクックライスに欠陥があるのなら、話は簡単だ。即座に生産を打ち切ればよい。しかし、商品として優れていることは、専門家もタイコ判を押し、多くの識者も認めていた。流通業者の評価は高く、ともかく最初は大量の注文を出したのだ。

宣伝費をつぎ込み、消費者に知ってもらえば売り上げは上昇していくのではないか。学校や工場の集団給食用の需要開拓に本腰を入れたらどうか。アメリカでやってみようか……。未練があった。迷いは深まっていった」（『奇想天外の発想』）

が、どう考えてもプリクックライスが「いますぐ絶対に売れる」という見通しは立たない。安藤は断腸の思いで、生産設備の凍結と広告宣伝を含む販売促進の中止を決意する。

「兵法でも、進むより退くほうが難しいといわれる。経営にも、それが通じる。

投資したら、回収したいと考えるのは当然である。もう少しつぎこんだら、消費者がついてくるかも知れない、と望みを託す心理に誰しもがかられる。資金を投入すればするほど引きがたくなる。賭博に負けた人の気持ちに似ている。ときがたつにつれていよいよ泥沼に足を引き込まれ、ついには命とりになる。
いけないと思ったら、早くふん切りをつけることが結局、最上の策なのだ。私は過去、何度か失敗してきたから、そのへんの呼吸はわかっている……。
……初期投資の三十億円は、ドブに捨てた」（『奇想天外の発想』）
日清食品としては、創業以来、十八年目にして初めて経験する挫折だった。

新たなる出発——本社ビルの完成——

「失敗も含め、すべての経験がその人にとって貴重な潜在力なのである。そこを土台にして、いつでも出発することができる」

プリクックライスからの撤退で一敗地にまみれた形の日清食品だが、屋台骨を揺るがすまでには至らず、業績的にはカップヌードルの相変わらずの売れ行き好調や、昭和五十一年五月に発売したインスタント焼きそば『ＵＦＯ』の大ヒットもあって、その後も順調に推移する。

「……このとき、ピンクレディはまだ同名の曲を出していなかった。ピンクレディの同じネーミングの歌が偶然ヒットしたので、イメージ・ガールに使用した。これで『ＵＦＯ』は、歌も焼きそばも爆発的な売れ行きを見せた。ピンクレディが解散し、もう街で『ＵＦＯ』の歌を聞くこともなくなったが、焼きそば『ＵＦＯ』だけは、いぜんとしてわが社の主力商品のひとつである」（『奇想天外の発想』）

昭和五十年代前半の大きなエポックといえば、五十二年四月に総工費三十五億円をかけた地上十七階建ての近代的な新本社ビルが完成したことだろう。

場所は新幹線の新大阪駅から徒歩で四～五分、西中島南方の駅から道ひとつへだてたところ。

「すぐ横を通る新御堂筋線の道路は、高速道路並みで、大阪国際空港まで車で十五分か二十分あれば到着する。阪急、国鉄、地下鉄のいずれにも近く、交通の要衝である。淀川に面して眺めはすばらしい……」（『奇想天外の発想』）

安藤がこの場所に目をつけたのはその十年以上も前のことだという。

「まだ、高槻に本社を移してまもないころ、六百六十平方メートルの劇場跡地を買ったのが最初である。私が欲しかったのは、一ブロック二千三百平方メートルまるごとだった。当時、地下鉄の延長は計画段階で、大企業の本社所在地には、ふさわしくない立地だったろう。しかし、都市計画を調べてみると、ここは必ず発展して一等地になると確信した。目立たないように、一軒ずつ買い広げていった。それでも最後に一、二軒残って、法外な値段を吹っかけられたが、きちんとした四角形が欲しかったので応じることにした。いまにしてみれば、それでも安かった。

ビルの建設はオイル・ショックに引っかかったが、建設会社に現金を先払いして、〝建てるのは、騒ぎがおさまってからでいいですよ。その代わり、しっかり、ていねいに仕事をしてください〟とお願いした。それで、建設費は安くついたし、建設業者も資金ぐりが助かった。しかも、満足のいくビルになった……」（『奇想天外の発想』）

また、五十二年六月には、業界の発展に寄与したということで藍綬褒章を受賞する。

現地主義――海外事業をも成功させた秘密――

「私は基本的には、その国で需要が増えれば現地で生産すべきだと考えている。技術の移転を惜しんではならない」

一方、海外事業も徐々に軌道に乗りつつあった。

たとえば、前にも書いた、三菱商事や味の素との共同出資で昭和四十五年七月に設立したアメリカ日清は、六年目くらいから黒字基調に乗り始める。その間の経過を改めて整理すると、カリフォルニア州ロスアンゼルス郊外のガーディナ工場が完成し、稼働し始めたのが昭和四十七年四月。三年目の昭和五十年には償却が完了する。そして、五十三年十一月には東部・ペンシルバニア州のランカスターにアメリカ第二工場が完成し、稼働開始。ガーディナ本社とニュージャージー州フォート・リーの二ヵ所に販売拠点を置き、全米約七十社のブローカーを通じて販売を行った。倉庫は全米二十一州三十数ヵ所に設け、それをコンピュータで結ぶ。

「日清食品のアメリカ進出が軌道に乗ったのは、地域の差をキメ細かく配慮しながら、生産、流通とも、しっかりと基礎を固め、努力を積み重ねていったからにほかならない。おかげで、アメリカの景気が落ち込んでいるときでも、アメリカ日清の業績は、好調を持続した……」（安藤）

海外事業を進める上での安藤の基本的な考え方は〝現地主義〟だ。

「アメリカ日清の従業員は、四百数十人に達した。そのうち、日本から行ったのは十人足らずで、その大部分は、どうしても現地では見つからない技術関係者であった。

原料はすべてアメリカで調達しており、日本から持ち込んだのは、資本と技術だけだった。それが、州政府をはじめとする地域社会から歓迎され〝アメリカの企業〟として、かわいがられたゆえんであろう」（安藤）

アメリカ以外の国への進出も着々と進む。

アメリカ以外では、昭和四十六年二月にフィリピンのユニバーサル・ロビナ社に袋めんの技術供与を行ったのが皮切りだが、昭和五十年代に入ると、いっそう活発化する。

昭和五十年五月、サンパウロに味の素と合弁のブラジル日清設立。

昭和五十年七月にイギリスのユナイテッド・ビスケット社にカップめんの技術供与。

昭和五十二年六月にタイのワンタイフーズ社に袋めんの技術供与。

昭和五十三年四月にオーストラリアのホワイト・ウイングス社に袋めんの技術供与。

昭和五十五年八月には、西ドイツのマンハイム市にビルケル日清設立、翌年五月から生産開始。

同じく五十五年六月にはシンガポール日清設立、五十六年十一月から生産を開始する。

「コンスタントに輸出をしている国は五十数ヵ国。その他、スポット的な輸出を加えれば八十数ヵ国、世界のすみずみにまで行きわたったということになる」（安藤）

こうした日清食品の一連の海外事業は、現地、とくにアメリカで高く評価され、安藤は昭和五十六年三月にペンシルバニア州ランカスター市より『ザ・ファウンダーズ・メダル』を受賞。さらに同年五月にはランカスター市から名誉市民の称号を、同年十月にはロスアンゼルス市から名誉市民の称号と市のカギをそれぞれ授与される。

安藤にとっては、我が意を得たりという心境だったと思われる。

日清食品は、昭和五十五年三月期決算で、戦後派の食品メーカーとしては数少ない売上高一千億円を突破する。

企業存続のための世代交代――

「企業は永遠の存続を目標にしなければならないが、人間は生身である。いつ寿命がつきるかわからない。仕事は健康なうちに、次の世代に渡していくべきである」

五十六年六月、安藤は二十三年間座り続けた社長の椅子を長男の宏寿に譲り、自らは会長に退いた。ときに安藤百福は七十一歳。

対する新社長の安藤宏寿は昭和五年生まれ。昭和二十一年に関西学院大学を中退し、二十四年に日清食品の前身である中交総社に入社。以来、父親の下で働き、日清食品設立の三十三年には専務、五十一年からは副社長として百福を補佐してきた人物だ。

長男の宏寿に社長ポストを譲るとき、安藤は次のように語っている。

「企業は永遠の存続を目標にしなければならないが、人間は生身。いつ寿命がつきるかも知れない。多少、仕事の面で危いところがあっても、健康なうちに次の世代に渡すべきなのです。あれ（宏寿）は、あれなりに、自分の個性でやってくれればいい。ゴルフでも、打ち方の恰好が悪いからといって、矯正するとかえって球が飛ばなくなってしまう。私と同じ方法、道をとる必要はありません。運転手の横に座っている添乗者の心境ですね」

長男の宏寿が社長になり、当時三十四歳の次男宏基は専務に。

「私は必ずしも世襲にはこだわらない。しかし、この仕事の創業当初は、いわば一家総出の家内労働で始まった。だから、いまのところは即席めんに対する理解度、知識から見て、会社の最高幹部としては二人の息子が適当だ」というのがその理由だった。

社長の座を長男に譲ったとはいえ、新設の会長ポストについた安藤は、経営の第一線から完全に身を引いたわけではなかった。会社の全権を掌握したまま、陣頭指揮をとり続けた。株主総会の議長など表舞台の責任者の座は宏寿社長に委ねたものの、日清食品の最高意思決定機関である取締役会の議長は相変わらず百福会長が務めたのである。

こうして二年。宏寿社長は宏寿社長なりに懸命に努力したが、ついに二代目社長としての職責は全うできなかった。

昭和五十八年八月、安藤百福会長は宏寿社長を解任し、自らの社長兼務を発表する。

社長が背負わざるをえない十字架――

「企業を預かる経営者は大きな責任を負っている。社員は常にトップの姿勢を見ており、社長の座は十字架を背負わされているようなものだ」

突然の社長交替劇に周囲は驚いた。いったい何が起こったのか。

当時、安藤は社長交替の理由を週刊誌（週刊読売）のインタビューにこう答えている。

「彼（宏寿社長）とは見解の相違ですね。いくら親子といっても、世代が違うんです。経営者というのは、奉仕の精神じゃないといけないんです。十字架を背負う気持ちで、仕事に没頭しなければいかん。企業発展のためには、私事でなく会社優先に考えなけりゃいかん。当たり前のことだよ。それを親子関係ということで甘えの構造が出ちゃったんだ。

私があれこれいうもんだから、彼も窮屈に感じたんだろう。

そんなにいうなら社長を辞めるとふだんからいってたけど、まあ、聞き流してたんです。

しかし、うちも会社創立三十五年（中交総社時代を含む）を迎えたので、この際、見直したい。社長を辞めたいという者に無理にやれ、やれといって社長業をやらせても、株主や社員の期待を裏切る。十五日に辞表が出たんで、辞めてもらったということ。簡単な問題だよ」

そうして、こうも語っている。

「私の仕事を彼にやらせてみたい、そういう親の願望もありました。彼のできないところは、私が裏で手伝うことも可能だったんですが、彼が社長になって一年ぐらい経過した頃から、もっと自由になりたいというもので」

宏寿社長が消極的でどちらかといえば〝慎重派〟であるのに対し、百福会長は積極的で〝開発志向型〟。親子とはいえ、二人の性格は正反対だったようである。

社長を解任された長男の宏寿は、日清食品をも退社して、完全に野に下る。

この社長解任劇は、安藤がいかに平静を装っても痛恨の極みであったろうことは想像に難くない。

消費者に「しあわせ」を売る企業――

「日清食品は、食文化を創造し、消費者の感動を呼ぶような食品を提供する、いわば『しあわせ』を売る企業であらねばならない」

宏寿社長時代の二年間は、安藤にとって悪いことばかりではなかった。

昭和五十七年十一月の秋の叙勲で、安藤百福は勲二等瑞宝章を受賞する。そのときの喜びの言葉は次の通り。

「二十数年前、私が蒔いた『即席めん』のひと粒の種が、国の内外の多くの方々の愛情にはぐくまれ、こんにち全世界で年産八十億食余の消費を見るようになったことは、感謝にたえません。

即席めん類は、『味に国境なし』のたとえどおり、味の親善使節として、食のもたらす平和の心を、世界に広めてまいりました。

このようなことが、今回の叙勲につながったことと思いますが、これは私ひとりが負うものではなく、関係先の皆さま方の、ご芳情のたまもの、と存じ上げております」

昭和六十年六月、安藤は再び社長の座を次男の宏基副社長に譲り、自らは会長に専念する。

〝三代目社長〟の宏基は昭和二十二年十月生まれ、この時、三十七歳の若さだった。

〝三代目社長〟の経歴を簡単に説明しておくと、四十六年三月に慶大商学部を卒業し、日清食品入社と同時にアメリカ日清の取締役として渡米。アメリカ日清を軌道に乗せて帰国後は開発部長に就任、焼きそば『ＵＦＯ』や『どん兵衛』シリーズなどの開発を安藤の意を体して陣頭指揮。また、マーケティング部長時代には、ドロくさいといわれたＣＭを一新し、日清のイメージアップに貢献する。

その意味で宏基副社長は、安藤にとって実にかわいい〝孝行息子〟だったといえよう。

次男に社長の座を譲った心境を安藤はこう語っている。

「（宏基は）入社してから副社長までの長い間、アメリカ日清の設立から開発、マーケティング、それに営業と幅広く経験を積んできていた。その後ろ姿を見て、そろそろかな、と考えてはいたんです。でも、私がいいと思っても息子ですから。どこの親もそうでしょうが、自分の子が一番かわいい。親ばかですね。だからこそ、他の人が見て、どう評価されているかを重視していた。取引先なりいろんな声に耳を傾けてね。実のところ、こんなに早く就かせるつもりではなかったんです。

ところが、昨年の春頃、私どもの全国の会があって、その席でみんなから〝親はいつまでも息子のことを子供だと思いがちだが、宏基副社長はもう立派な人材だし、社長の器だ〟〝アメリカ企業のトップの主流はもう三十～四十歳代だ〟といわれてね。

しかも、うちの社外重役でもある伊藤忠商事の米倉社長や三菱商事の山田敬三郎副会長なども〝もう、そろそろいいじゃないか〟と強く推してくるしね。

なにより、社内の他の役員の間でも副社長の人気が高く、皆、賛成なんだ。こうなると私も何もいうことはない。私自身が息子だからといって、逆に身びいきしすぎてもいかんしね」（「ＤＥＣＩＤＥ」昭和六十一年四月号より）

食こそが文化の源流だ！――

「食のあり様が乱れた国は必ず衰退する。『食足世平』が私の信念である」

昭和六十三年三月、日清食品は創立三十周年を迎えた。

「昭和三十三年、日清食品がチキンラーメンを開発、発売してから、今年で三十年を数えます。この間、多くの方々のご支援をいただき、即席めん業界は世界で年間百三十億食を生産する産業に育ってまいりました。開発した者としてこれにすぐる幸せはありません。

振り返れば、戦後、粉食奨励運動の中で、パン食流行に押され、東洋に源流を持つ、めん類の食習慣が忘れ去られるのではないか、との危機感にかられ、ラーメンのインスタント化を思い立ったのが、開発にとりかかる発端でした。

〝食こそが文化の源流であり、食のあり様が乱れた国は必ず衰退する〟――その背後にある考え方は、いまも変わりません」（安藤）

そして、東京の新都心・新宿に地下三階、地上十一階、敷地面積千六百五十三平方メートル、建築面積九百五十六平方メートル、延べ床面積一万千百十七平方メートル、総工費約二百億円をかけて東京本社ビルを落成したのである。

〝時〟に対する感覚を鋭敏に――

「事業でも学問でも同じだと思うが、自分が打ち込んでいる世界で成功したいと思うなら、時代を読む必要がある」

どうすれば〝時〟に鋭敏になれるのか――

「もっとも大切なのは、体験を積み重ねて得られる知恵で分析し、観察することだと思う。どこにでも時代を読むヒントが転がっている。ただ読む力があるか、読もうと努力するかどうかの違

いである。より深く読めば、より先の時代を感じることができるだろう」

東京本社ビルに関連して、つくづく感心させられるのは、安藤、あるいは日清食品の〝先見性〟である。日清食品が新宿のこの土地を取得したのは昭和六十年十月。取得金額は総額百五十億円だった。ところが、周知のようにその後、都心の地価はうなぎ昇り。つまり、日清食品は結果的に安い買い物をしたわけで、大きな含み資産を手に入れたことになる。

こうしたケースは今度が初めてではない。たとえば、前にも書いたが、古くは終戦直後、安藤は久原房之助のアドバイスのままに大阪の中心街、心斎橋や御堂筋の梅田新道あたりの土地を買ったことがある。まだ、日本が復興する前で土地の値段は二束三文だった。これらの土地が、日本の復興とともに大きく値上がりし、それが安藤の事業資金になったことは間違いない。

また、大阪の本社ビルも、完成したのは昭和五十二年四月だが、安藤がその土地に目をつけ、買い始めたのはビルが建つ十年以上も前だった。

安藤は〝先を読む〟ということについて、こういっている。

「事業でも学問でも同じだと思うが、自分が打ち込んでいる世界で成功したいと思うなら時代を読む力をつける必要がある。つまりインスタント＝時に対する感覚を鋭敏にしておくことだ。

それはサラリーマン社会にもいえることだろう。一般社員のときは、与えられた仕事だけをやっていればこと足りるかも知れない。しかし、課長になり、部長になり、重役にと昇進するにつれて、時代を読み、適切な判断をし、決定を下さなければならない場合が増えてくる。いまなにが起き、これからなにが起ころうとしているかが常に問われる。

もし、それができない人物であるならば、トップはその人の昇進に躊躇するだろう。

では、どうすれば、〝時〟に鋭敏になれるのであろうか。ある程度は、もって生まれた才能とカンがものをいう。しかし、もっとも大切なのは、体験を積み重ねて得られる知恵で分析し、観察することだと思う。

通勤の途中、買い物、ゴルフをしているとき、どこにでも時代を読むヒントが転がっている。ただ、読む力があるか、読もうと努力をするかどうかの違いである。より深く読めば、より先の時代を感じることができるだろう」

徹底した〝現場主義〟の経営者――

「現場を知らずして、その提案の価値判断はできない。企業経営者にとって、絶えず現場の実情を把握しておくことは、非常に重要な仕事である」

少し角度を変えて、安藤百福の人材育成法というものに焦点を当ててみよう。

それまでの日清食品は、まぎれもなく、安藤のワンマン会社だった。製品開発から生産、販売に至るまで、あらゆる面で安藤が先頭に立って引っ張ってきた。

安藤は、次のような発言をしてはばからなかったのである。

「日清食品がなにか新しいことを行う場合は現在でも私自身、現場に出て、〝これでいけるかどうか〟確認することにしている。たとえば、新製品を開発する場合、みずから何度も試食し、味を確認することにしている。

また、新しい機械を導入し、生産システムを合理化する場合でも、私自身が工場現場に出て、どれぐらいのコスト低減につながるかを観察し、データをとる。

さらに新製品を出した場合、商社、問屋、小売店を回り、販売の状況を確かめたりもする。これは、海外で運営する場合でも、同様のことを行う。

では、なぜ私自身が時として現場に出て、現場のことを掌握する必要があるか、といえば、下から上がってくる意見や提案に対して適切な指示や助言を与えなければならないからだ。時には、まったく素晴らしい提案が下のほうからなされる場合があるが、現場を知らずして、その提案の価値判断はできない。企業経営者にとって、絶えず現場の実情を把握しておくことは非常に重要な仕事である」

つまり、安藤は徹底した〝現場主義〟の経営者といえるだろう。

「私はスーパーマーケットに行くのが好きである。百貨店の食品売場にも顔を出すし、近所の市場ものぞく。

晩のおかずを自分で選ぶのは楽しい作業だが、もちろん、それが私の主たる目的ではない。奥さん方の買物のしかたには、常に時代を反映した変化がみられる。それを、自分の肌で感じ取りたいためである。どんな順序でなにを買っていくか、買物のカゴをそっと観察することは、とても役に立つ。

それから、当然、私のところの商品が、どんな扱いを受けているかをしかと確かめる。売場の目立つ場所に置いてもらっているだろうか、競争相手の商品と比べて、みばえがしているか、きちんと品ぞろえができているかどうか、うちの製品が奥さん方に歓迎されているだろうか……チェックポイントは多い」

社員への叱咤——

「君は今、なにをしているの？」

（社員に呼びかけるときの安藤会長のログセである。常に創造的な仕事を期待される会長らしい発言。たいていの社員がドキッとする）

こうした現場主義〃に徹する安藤だけに部下に対しても現場主義〃を要求する。たとえば、自身が販売現場を回ってみて、気に入らないことがあれば、安藤は容赦なく社員を叱咤するのである。

「もし、当然あるべき当社の製品が置かれていなければ、地区担当者の怠慢である。現場を歩いていない証拠である。〝君は、受け持ち地域の売場を点検していない。なにをしているのか〟ということになる。

経営者や営業担当者ばかりでなく、すべての社員は自分のところの商品の行方に、興味と関心をもつべきだと思う。

とくに、消費者に直結する企業の場合は、売場へ行く必要がある。経理、人事、総務、それに生産にたずさわる者、それぞれが売場の第一線を見ておくことは、必ず自分の仕事のプラスになる」

こうした安藤の考え方がどこまで日清食品の社内に浸透しているのかは定かでない。ただ、一般的にいって偉大なワンマン経営者の下では、人材が育ちにくいきらいがあることは事実だ。

その理由は、社員がワンマン経営者に気兼ねをして自由にものをいえない雰囲気ができたり、あるいは逆に、社員がなんでもかんでもワンマン経営者に頼って、自主性を失ってしまうからである。

ワンマントップの弊害というものは、過去においても現在においても至るところで見られるが、私が身近に思い起こすのは、アサヒビールの例だ。

当時の樋口廣太郎社長から直接聞いた話を紹介しておく。

「もともとアサヒビールという会社は、昔からそれほど借金のない会社で、本来なら銀行から人を送り込む必然性はありません。株主構成をみても、筆頭株主は第一生命で、住友銀行は第三位か第四位。

では、金もそれほど貸していない、筆頭株主でもない住友銀行が、なぜアサヒビールに社長を送り込むようになったのかといえば、それは次のような事情があったからです。

アサヒビールは周知のように、昭和二十四年九月にアメリカGHQの占領政策のひとつである過度経済力集中排除法によって、大日本麦酒が二分割されてできた会社で、もうひとつが現在のサッポロビールです。

アサヒビールの初代社長は山本為三郎という人でした。この人はもともとビン屋で、根っからのビール屋ではありません。その意味では〝助っ人社長〟なのですが、大日本麦酒の常務をやっていたということで分割後のアサヒビールの初代社長に就任したわけです。

山本さんの評価は、今でも功罪あい半ばしています。〝功〟という面では、山本さん個人の力でアサヒビールという企業イメージを強烈に打ち出したこと。なにしろ、山本さんは財界の陰の実力者といわれた人物で、万博のような国家的なイベントがあると、その会長を誰にするかといったことでは大きな力を発揮する人でしたからね。

ただ、ビール会社の経営という本業のことになると、いくつかの〝罪〟の部分が指摘されています。

まず、ひとつは新規事業に乗り出すのが遅れたこと。ビールは、昭和三十年代まではたいへんな成長産業で、収益力の高い産業でした。そこで、ゼネラルフーズやコカコーラなどからアサヒビールに提携話が持ち込まれても、山本さんは〝ビールで儲かっているのだから、新しい事業はやる必要がない〟と一蹴したそうです。もし、そのときに新規事業を始めていたら、その後のアサヒビールの姿はもっと違った形になっていたかもしれませんね……。

そして、何よりも山本さんにとっての最大の誤算は、自分が超ワンマンだったため、後継者を育てられなかったことです。山本さんがいかに超ワンマンであったかというのは、私自身がこの目で見て知っています。

というのは、当時、私は住友銀行の堀田庄三頭取の秘書役をしていて、月一回のアサヒビールの役員会にはお伴でついて行ったからです。堀田さんは住友グループを代表してアサヒビールの社外役員をしていました。その他には、第一生命を代表して石坂泰三さんが、また、富国生命を代表して小林中さんが社外重役として名を連ねていました。

この月一回のアサヒビールの役員会というのがなんとも奇妙で、山本さんはアサヒビールのプロパーの役員たちを待たせておいて、社外重役のお歴々と四人で密室に入ってなにやら協議を始める。

午前中に始めて午後の二時、三時になってもなかなか終わらない。そしてようやく終わって出てくると、山本さんが待っていた役員に対して〝今日は君たちにとくにいうことはないな〟のひと言で役員会は終了する。

それだけ山本さんがワンマンだったということですが、これではアサヒビールのプロパーの役員が育つわけがありません。経営者としてのトレーニングがまったくできていないわけですからね。そのため、山本さんが昭和四十一年二月に亡くなった後で、二代目の社長になった中島正義さんは苦労した。

中島さんという人は、末席の常務から山本さんに抜擢されて社長になった人で、工場長の経験もあり、ビール業界にも精通していたが、なにせ山本さんが超ワンマンだったということでそのあおりをモロに受けてしまったんです。

つまり、中島さんが社長になっても、他の役員たちがいうことを聞かない。とくに技術系の役員にその傾向が強かったといいます。

こうして、山本さん亡き後、アサヒビールはにわかに統制力を欠く組織になってしまったのです。そんな状態ですから、シェアもどんどん低下する。

そこでアサヒビールの社内をまとめられる人が社長として必要になってきたんです。しかしそんな人は当時のアサヒにはいない。外部から誰かを引っ張ってこなければならなかった。

いろいろ探してみた結果、白羽の矢が立ったのが住友銀行の高橋吉隆副頭取でした。高橋さんは分割時の大日本麦酒の社長だった高橋龍太郎の息子で、この人ならアサヒ社内をまとめられると誰もが考えたわけです。高橋さんは当時のアサヒの役員たちからも〝ぼっちゃん、ぼっちゃん〟と一目置かれていましたからね。

この高橋さんがアサヒビールに来るときに連れてきたのが住銀常務の延命直松さんでした。そして、高橋さんは自分が社長を辞めるとき〝まだ生え抜きの役員が育っていない〟

ということで延命さんを社長にしたんです。

ところが、その延命さんが病気になって社長の機能を果たせなくなった。しかも、その間にシェアはますます落ち続ける。なんとかしなければ、ということで急きょ、村井勉さんが送り込まれたわけです」

いささか引用が長くなってしまったが、かくのごとく〝ワンマンの弊害〟は恐ろしいものなのである。

耳ざわりな直言に耳をかせ！――

「経営者にとって、役に立つのは耳ざわりな直言である。骨のある人物の苦言に耳をかさない経営者は、必ず会社に危機を招く」

社員よ、危機感を持て！――

「全社員が危機感を持て。ひとりでも多くの社員が会社を憂い、憂える人間の数が多いほど会社は健全になる」

安藤自身は、こうした〝ワンマンの弊害〟に気づき、それによって会社が危うくなることをもっとも危惧していたようだ。たとえば次のような言葉にもそれはうかがえる。

「私が自分の会社について心配することがあるとすれば、創業以来、ほぼ一本調子で業績が拡大してきたことである。私は若いころから苦労にめぐまれたことが、結果的に大変な幸運につながっていると思う。挫折がなく、メリヤス問屋を続けていれば、そこその成功はおさめても、現在ほどの満足感を私に与えることはなかったろう。

平穏無事な企業では、社員が甘くなる。私は毎年、社員に危機感をうるさいほど訴えている。多くの社員が、会社を憂えていてほしい。憂える気持ちが深いほど、その会社はより健全になると思う。

いつも危機感を抱いていれば、危機を回避できるかもしれない。だから、会社の幹部や労組の役員に、〝また会長のシャミセンが始まった〟といわれるほど、注意をうながす……」

そして、こうもいっている。

「人間は本来、弱い存在である。だから、耳にここちよい言葉を好む。平和な時代、なにごとも起こらなければ、それですむのだから。本当のことでも、相手を不愉快にさせるのなら、黙っていようとする。しかし、大きな困難にぶつかったとき、役に立つのは、耳ざわりな直言である。

そんなことは百も承知なのだが、実際は職場でも、地位が上がるにつれ、真実の言葉はしだいに遠ざかる。まして、トップの座につくと、周囲からはお世辞、おべんちゃらしかとどかなくなりがちである。骨のある人物がいても、相手が甘い言葉しか受け入れないことを知ると、沈黙してしまう。

親身の話は、だいたい耳に痛く、反発を呼ぶからだ。こうして、社長は社員に甘え、社員もまた社長に甘えるのである」

本当に役に立つ人間とは？――

「なぜ真実を見ようとせず、甘えるのか。人は太平になれて、できるだけ嫌なこと、難しいことから逃れようとする。これでは、危機に際して本当に役に立つ人間は育ってこない」

「なぜ真実をみようとせず、甘えるのか。天下太平であるからだと、私は思う。人は太平になれて、できるだけ、いやなこと、難しいことから逃れようとする。

子供を育てるにも、一流高校、一流大学から大企業のエリート・コースに乗せようと懸命である。それがもっとも安全で、あぶない目に会うことがないと信じ込んでいる。これでは、危機に際して本当に役に立つ人間は育ってこない。

人間を育てるのは、ハングリー精神である。逆境に立つことによって、それまで見逃していたことが見えるようになる。

私は落選した代議士が好きだ。選挙区に腰を落ち着けて、現場から市民の声を聞く。今度、当選すると、人物がひとまわり大きくなっているのが、なんとなくわかる。いつも当選している代議士は、天下国家を理屈だけで理解している。だから、国民の本当の悩みをついに知ることがないように思われる」

自分で仕事を探し出せ！――

「企業のあらゆる動きに興味を持ち、先輩から盗めるだけのものを盗め。ラクすることばかり考えないで、多面的に仕事をやってみることだ」

では、安藤が求める社員、あるいはリーダー像とはどんなものなのか。

「企業の中に数人の優れたリーダーがいると周囲の人の模範となり、全体のレベルが上がる。逆に二～三人の破壊分子が幅をきかすと相当な企業でも傾いてしまう。

私はうちの会社の幹部にこういっている。

〝入社した以上、誰だって会社のためを思って仕事をしている。君たちは、それだけではいかん。一味も二味も違うものがなければ、リーダーの値打ちはない〟リーダーは指示するだけではいけない。みずから考え、努力する。そして、現場をよく知り、現場から発想することである。理論的にも、実践的にも、リーダーであることを、私は要求する。部下がそれを見習うからである。近ごろ、上司が部下におべんちゃらをいうようになったという。これは甘えである。

これでは、下の者が育ってこない。若いうちは首根っこをおさえてしごけばいい。常に考えるテーマを与え、参加意識をもたせるべきである。

リーダーになろうとする者に、私は〝企業のあらゆる動きに興味を持ち、先輩から盗めるだけのものを盗め。ラクすることばかり考えないで、多面的に仕事をやってみることだ〟といいたい。

私の経験では、自分で仕事を探してきてする人は伸びる。与えられた仕事はきちんとこなす人も貴重な存在ではあるが、それだけでは、リーダーとして上も認め、周囲も認めるようにはなれないだろう。

仕事を発掘できるのは、それだけ積極性があり、ものを見る目がある証拠だから、当然である。普通の人とリーダーとは、そのへんに相違がある」

安藤は部課長クラスの中堅の管理者層の重要性を痛感していたようだ。これと同様なことを〝再建の神様〟といわれた大山梅雄もいっていた。大山の場合は、左前になった会社の再建を多く手掛けていただけに、表現は安藤とちょっと異なるが、いわんとしている内容は同じだと思う。

かつて大山は私にこう語った。

「私はつぶれかかった会社を再建に行くときは、大勢連れて行かない。基本的には単身で乗り込むことにしている。その理由は、つぶれかかった会社でも、全部が全部、素質のないダメな社員ばかりとはいえないからだ。

将棋では、手持ちに金がなくても、うまく相手の歩をとってはるとト金にすることができるが、それと同じで、なにも金を連れていかなくても再建は立派にできる。つぶれかかった会社の今までバカといわれた社員でも、上手に使いこなせば、ちゃんと金の仕事をこなすようになるものだ。

もちろん、中にはどうしてもダメな奴もいる。それはどういう人間かというと、素質がないのではなく、やる気のない奴。これはどうにもならない。いままでの楽が身についてしまって、苦しいことはいくらいってもやろうとしない。そんな例外的な社員はどんな会社にも必ずいるもので、こうした向上心のない人間はどうにもならない。辞めさせるしかないだろう。

私の考えでは、もともと人間は善であり、やる気さえあればなんでもできる能力を持っている。ただ、ダメな会社というのは、たいてい人間の使い方が悪く、社員教育がなっていない。仕込みようによっては立派な社員に育つのに、それを幹部が怠ってきたんだな。二十以上のつぶれかかった会社を見てきたが、ほとんどがそうしたケースだ。

なぜ社員教育をしないかというと、ヘタに教えて、仕事をバリバリやられると幹部にとっては自分の地位が脅かされるという心配があるんだな。

いずれにしても、ダメ会社を建て直す上で大事なことは、社員の働ける環境をつくってやることと、上手な人の使い方。社員の中に競争心、危機感、責任感などが生まれてくれば、会社はまたたく間に立ち直るものだ」

大山は、社員教育を他人まかせにしないで、みずからその先頭に立った。

たとえば、部下から報告書が上がってくると、「文章は要領よく、簡単に」というハンコを押して返す。これを何度も繰り返しているうちに、ヘタクソな報告書しか書けなかった人間も、徐々に簡潔な報告書を書けるようになるという。

「つぶれかかった会社を見てみると、ほとんどの場合、中間階級に問題がある。会社がおかしくなると、彼らはやれ社長が悪い、重役が悪いと上層部批判を始めるが、とんでもない。私にいわせれば部課長がよっぽど悪い。

私はよくいうのだが、雨が降っているときでも、太陽はちゃんとある。なくなったわけではない。雲に隠れてみえないだけ。途中に雲があれば、太陽がいくら照っても陽はさし込まないのだ。つまり、いくらいい経営者がいても、部課長が雲のように遮っていれば、トップと末端との間の命令も報告も途中で寸断される。

これが会社をおかしくする大きな原因なのだ。そんなバカなことをしているから、だんだん会社が悪くなる。だから、私は今でも会社で百円以上の権限は渡さないことにしているんです。

人権蹂躙というかも知らんが、管理者というのは、部下の生活をきちんとチェックしておかなければならない。そんなことは、社員の日常の態度をよく見ておけばわかります。

急におしゃれをするようになったとか、朝出社したときに酒のにおいさせていたとか、社員の生活の変化は毎日一緒にいる人間ならわかるはずだ。それがわからないというのでは、あまりに鈍感で、部下を管理する資格はないといいたい。そして、悪い芽は早いうちに摘んでおく。

よく、最近のはやり言葉に〝権限の委譲〟というのがあるが、権限の委譲と権限の放棄はまったく違う。

委譲というのは、自分が知っていて部下にまかせること。これは立派だと思うが、自分ができない、知らないから部下まかせというのは管理者の権限放棄である。管理者がだらしないから、部下に罪人をつくってしまうのだ。人の上に立ったら、自分はなにをすべきかという自覚だけは絶対に持たなければいかん。管理者には絶えず部下を監督する義務がある。それを日頃からやらないで、放任しておいて、あとで大騒ぎをする。それでは遅いのだ」（大山）

安藤の言葉にも、大山の言葉にも、〝陣頭指揮〟型経営者の悩みが如実に現れている。

すべて自分で決断し、全責任をとる――

「私は創業社長だ。オーナー的な地位にあり、独裁者ではないが、ワンマンである。すべて自分で決断し、全責任をとる」

日清食品を設立して以降、事業家としての安藤の唯一の失敗は、前にも書いたインスタント・ライスからの撤退だが、しかし、これも結果的には安藤の引き際のあざやかさを強く印象づける〝事件〟でしかなかった。

「この撤退は正しかったと思う。即席めん創業以来、はじめて経験する試練だった。しかし、多くの教訓を残した決断でもあった。

正直のところ、残念ではあった。しかし、よいクスリにもなった。

もし、私がサラリーマン社長であったら、これほど早く、退却を指示できただろうか。任期を大禍なく終わりたいと思えば、決断を先へ延ばし、出血に応急手当をしながら、一時しのぎをしただろう。自分が決断した三十億円の投資をフイにすれば、サラリーマン社長の首は胴につながっていないはずだ。

さいわい、私は創業社長だった。オーナー的な地位にあり、独裁者ではないが、ワンマンである。すべて自分で決断し、全責任をとる。重役会で多数の意見を聞き、市場リサーチをしたりして、ぐずぐずしていたら、プリクックライスに足をとられて、本業の即席めんでも、あやうくしていたに違いない。

私は自分の〝英雄的気分〟を反省した……」

ここで安藤が反省する〝英雄的気分〟とはなにか。チキンラーメン開発のときもそうだったが、安藤には、事業というものをどうも金儲けよりも、大上段に〝天下国家〟に結びつけて考えるようなところがある。

それがこの人の真面目さであり、いいところでもあるのだが、インスタント・ライスに関しては、それが裏目に出たということだ。

「はじめは、微力をもって日本の農政、食管制度に一石を投じるぐらいの気分だった。しかし、私はもともと政商ではない。もし、この志を遂げようとするなら、政治を動かし、米にまつわる制約、古い因習を破壊してかからなければならなかったろう。

だが、それは私の商売ではない。柄にもない義侠心に動かされ、自分の道を失った。

私の道は、めん類を生産、販売することで切り拓いてきた。それを、めんを粗末にして米に浮気した。そのバチが当たったのだ」

安藤はこう反省しているが、しかし、これに懲りて〝めん一筋〟に戻ったかといえば、そうではない。その後もなお新しいものへの挑戦意欲は衰えず、外食産業に進出したり、バイオ研究にも力を注いだのである。

六章

金のなる木の見つけ方

超ロングセラーを生み出す五つの条件

①「時代を先取りする商品」は必ず売れる！

「発明、開発の仕事も、時代を読む作業である。どんなに優れた思いつきでも、時代が求めていなければ、人の役に立つことはできない。毎年、産業界で三十数万件の実用新案が出願されるが、世に受け入れられ、工業化されるのはほんのひとつまみ。時代に合ったものだけが消費者に歓迎され、工業化されていくのである。

私が昭和三十三年に開発、販売をはじめたチキンラーメンは、いまだに、ほとんど原型のまま売られている。これほど息の長い商品は他の業界にもあまり例がないのではないか。なぜかといえば、チキンラーメンが時代を先取りする商品だったからである。結果論だが、少なくとも二十年、三十年先を読めていたということになる。だからこそ、即席めんというまったく新しい食品分野をおこす起爆剤になれたのである」（安藤）

安藤の発明したチキンラーメンは、発売から六十年たった現在でも根強く売れ続けている〝超ロングセラー商品〟である。たしかにこんな商品は珍しい。これと似たような商品が他にあるかどうか探してみたが、なかなか見つからない。が、あった――。ホンダの『スーパーカブ』である。

こちらも発売はチキンラーメンと同じ昭和三十三年。戦後日本の有数な〝超ロングセラー商品〟が同じ時期に誕生しているというのも面白い。

インスタントラーメンとバイク。こうして二つを並べてみると、何とはなしに昭和三十年代から四十年代にかけての日本の高度成長期が思い起こされるから不思議である。

その意味では『チキンラーメン』も『スーパーカブ』も日本の高度成長期のシンボル的商品だったといえるのではないか。

②爆発的人気商品になる四つの理由

さて、この二つの商品の間には多くの共通点が見出せる。

まずひとつは、商品寿命の驚くべき長さである。

通常、工業製品の商品寿命は案外短く、せいぜい数年間でしかない。一過性の商品なら数ヵ月で市場から姿を消すことさえ珍しくない。

たとえば、乗用車ならたいがい四年に一度はフルモデルチェンジが行われる。そうしなければ商品寿命がもたないからだ。そしてフルモデルチェンジとなれば、商品の名称は同じでも、外観や性能は流行に応じてガラリと変化する場合が多い。

その点、チキンラーメンもスーパーカブも〝中身〟はともかく、外観上の変化はほとんどみられない。スーパーカブは何回かモデルチェンジはあったものの、最初のモデルと最新のモデルは素人目には区別がつきにくいし、チキンラーメンのパッケージデザインも、基本はほとんど変わらぬままである。

チキンラーメンは昭和三十三年の生産開始以来どんどん数字を伸ばし、平成十六年までに累計五十億食生産された。そして、なお日清食品の主力商品のひとつである。

一方、スーパーカブの六十年間の累計生産台数は一億台。もちろん、バイクの単一車種としては空前の数字であり、この先どこまで伸びるかわからない。

安藤は、チキンラーメン（インスタントラーメン）が爆発的な人気商品になりえた理由を四つあげている。

「第一に、昭和三十二年九月にスーパーダイエーの一号店がオープン、日本は流通革命前夜にあった。このまったく新しい流通ルートにとって、チキンラーメンがぴったりとマッチした商品であったこと。

第二に、テレビの普及が始まり、広報・宣伝のチャンネルが確立されたこと。

第三に、原材料の小麦粉の統制が撤廃され、自由に生産できるようになっていたこと。またこの頃やはり爆発的に流行したフラフープの影響で、日本のプラスチック産業が息を吹き返し包装材料の調達が容易だったこと。

第四に、日本経済が岩戸景気に突入する直前にあったこと……」

要するに流通革命、テレビ、統制撤廃、プラスチック、そして岩戸景気といったきわめて戦後的な要因がチキンラーメン（インスタントラーメン）を日本の国民食に押し上げていったというのである。

③大衆のニーズ、そして経済性を！

では、スーパーカブはどうだったのか。

スーパーカブは六十年前、当時としては画期的な技術をいくつも搭載して世に出た。たとえば、五〇ＣＣで４サイクルエンジンという点だ。当時、五〇ＣＣといえば２サイクルエンジンが常識だった。その常識に逆らって、ホンダはオーバーヘッドバルブ方式の五〇ＣＣエンジンを新たに開発して、スーパーカブに搭載したのである。

２サイクルエンジンは、構造がシンプルで小型、軽量。製造コストも安い。が、ユーザーにとっては使いにくい点が多々あった。たとえば、熱ダレ、焼き付きなどを起こしやすく、始動性が良くない。エンジン音が大きく燃費も悪い。

その点、４サイクルエンジンはオーバーヒートを起こさず、メンテナンスも簡単で、オイルを撒き散らすこともない。音も静か、燃費も２サイクルエンジンに比べるとはるかによい。すなわち、ユーザーにとっては使いやすいエンジンだった。

ただし、つくる側からいえば、４サイクルエンジンは構造が複雑で、部品点数が多く、製造に手間がかかる。当然、コストも高くなる。だが、ホンダはあえてユーザーの立場に立って五〇ＣＣの４サイクルエンジンを開発したのである。

しかも、２サイクルの五〇ＣＣがせいぜい一～二馬力程度のときに、スーパーカブのエンジンは四・五馬力もあった。また、自動遠心クラッチの採用により、片手操作が可能になる。当時の価格は自転車三台分。競合の五〇ＣＣバイクよりは若干高かったが、同じパワーを持つ九〇ＣＣクラスのバイクよりはずっと安かった。

これが結果的には大成功をおさめる。スーパーカブは新聞配達や牛乳配達、そば屋の出前などの用途を中心に爆発的なヒットとなったのである。

こう見てくると、スーパーカブのヒットの大きな原因は、どうやらユーザー（大衆）の立場に立った開発コンセプトというところにたどりつきそうだ。

そういえば、チキンラーメンもやはり、大衆のニーズを考えたところから生まれてきた商品である。

さらにチキンラーメンとスーパーカブが超ロングセラー商品たりえた理由、共通点を考えてみると、何よりも経済性ということがあげられる。

④ベストセラー商品最大の武器とは？

次なる安藤の当時の〝怪気炎〟をお聞きいただきたい。

「私たちは、たくさんのモニターをとって、最大公約数の人が好む味をこしらえている。大量に、しかも安くである。

家庭で同じ料理をつくろうとしても、これだけの味を出せるものではない。時間もお金も、はるかによけいにかかってしまうはずだ。

即席めんによって、一年間、どのくらいの時間と家計費が節約されているか、私はこんなふうに考えている。

いま、家庭の主婦が一杯のラーメンをつくろうとすれば三十分はかかるだろう。即席めんなら五分として、差し引き二十五分の節約になる。生めんは買ってきて料理する場合、材料、光熱費を合わせ三百二十円かかるとしよう。袋ものの即席めんの価格は七十円、お湯をわかす光熱費を入れても、二百数十円のお金が助かることになる。

即席めんが果たしている経済的貢献度を正確に計算することは難しいが、年間四十億食消費されているのだから、単純に掛算しても一兆円は浮いている。考えようによれば消費者のみなさんに、一兆円の減税効果があったといえるのではないか。

節約された時間はもっと貴重である。人間はどんな偉い人でも一日二十四時間しかもっていない。八時間は眠り、八時間は仕事をする。残りの八時間で食事をし、さまざまな文化活動をし、趣味その他を楽しむ。即席めんによって節約された分だけ、おそらく文化的時間を増やすことになるだろう。その分だけ寿命が延びたと同じことである」（『奇想天外の発想』）

また、かつて田原総一朗氏のインタビューに答えて、こうもいっている。

「二十二年前に、私がインスタント・ラーメンをはじめて売り出したときの値段が一食三十五円。それでも安い、安いということで、みなさんに喜ばれたのですが、それから二十年以上たったいまでも、平均して約七十円。うちがインスタント・ラーメンを売り出した頃のサラリーマンの平均給料は一万二百円、いま、十二万円ですよ。十倍も上がっている。それなのにインスタント・ラーメンは二倍しか上がっていない。いま、街で七十円で買えるものは、といえば、インスタント・ラーメンの他には新聞くらいのものではないですか」

「七十円といったら、いまでは金のうちに入らんでしょう。カレーライスを食べたら、どんな安物でも四、五百円はするし、町のラーメン屋に行っても四百円はする。ケーキ一個食べてコーヒー飲んだら、やはり四百円。それで腹ぐあいは、インスタント・ラーメンとそう変わらない。

あれこれ考えると、もしもインスタント・ラーメンがなかったら、一食について確実に二百五十円以上の負担が消費者によけいかかる。いいですか。即席めんの昭和五十四年の売上数は四十四億食。もしも、他のものを食べたら四百円以上かかるわけだから消費者全体としては一兆一千億円の経済メリットがある。つまり、われわれは日本の家庭に一兆一千億円の貢献をしている、もっとはっきりいえば、一兆一千億円のプレゼントをしているということになるわけですよ」

いささか我田引水と感じられないこともないが、理屈は合っている。この値段の安さ、経済性が何といってもチキンラーメンの最大の武器だったことはいうまでもない。

一方、スーパーカブにしても、発売以来、技術的には改良に改良が重ねられ、最初のモデルに比べ、燃費はよくなって、パワーも操作性も向上した。昭和五十八年に出たモデルは何とガソリン一リットルで百八十キロメートルも走ることができたのである。

⑤国際市場における成功

チキンラーメンとスーパーカブの共通点はまだまだある。

スーパーカブはそれまで存在しなかった新しい商品ジャンルをつくり上げることに成功した。そして、その商品名はやがて普通名詞化し、カブタイプのバイクはなんでもかんでも『カブ』と呼ばれた時期もある。

チキンラーメンもその点では同じ。それまで存在しなかったインスタント・ラーメンという新しい食品分野をつくり上げ、やはりチキンラーメンという商品名が即席めんを意味する普通名詞だった時期もあるのだ。

また、ライバル会社との間で盗用問題が起こった点でも共通している。

前にも書いたように、チキンラーメンが発売され、ヒット商品となるやいなや、製法や商標がそっくりの類似品が多く出回った。これに対して、日清食品と安藤は法廷に持ち込んで争ったわけだが、スーパーカブにも同様の経緯が見られる。

具体的にいえば、昭和四十年、ヤマハ発動機がスーパーカブの対抗車種として『ヤマハメイト』を発表した。スズキも昭和四十八年に『U50』という競合車種を発表するが、この二機種は、デザイン的にあまりにもスーパーカブと酷似していたため、ホンダはデザイン盗用の訴訟を起こす。

この訴訟問題はその後、三社の間で和解が成立し、後発の二社はロイヤリティをホンダに支払う形で決着している。

もうひとつ、見逃すことのできない点は、チキンラーメンもスーパーカブも国内市場だけでなく、アメリカを中心に世界中で受け入れられる〝国際商品〟だったということだ。チキンラーメンについては前に触れた通りだが、スーパーカブの場合も今にして思えば〝世界のホンダ〟への足がかりをつくった商品だったといっていい。

ホンダは昭和三十一年頃から、二輪車による海外進出のための下調査を進めていた。その調査結果では、欧米よりも先に東南アジアに進出すべしと出たが、本田宗一郎と並ぶ経営の最高責任者であった藤沢武夫は、強くアメリカ進出を主張する。

「もしアメリカで新しく二輪車の大量需要をつくり出すことができれば、それは必ず世界的なものとなり、オートバイ産業の飛躍的な未来が開ける。資本主義のメッカ、アメリカでだめなら、二輪車は国際的な商品とはなりえない」との判断からだったという。

ホンダは昭和三十四年六月にロスアンゼルスに現地法人アメリカ・ホンダを設立する。ホンダでは当初、アメリカで売れるのは二五〇CCや三五〇CCのスポーツタイプの中型バイクだろうと考えていた。当時のアメリカの二輪市場は年間約六万台。ホンダはその一割程度のシェアを目標としていた。

が、バイクをめぐる日本とアメリカの環境の違いから、スポーツタイプの製品は予想もできないトラブルを頻繁に起こし、港に着いたバイクをそのまま陸あげしないで日本に送り帰すこともあったという。

ホンダのアメリカ進出計画は暗礁に乗りかけたが、それを救ったのが前年に発売されたばかりのスーパーカブである。ショールームに展示されたホンダ製品の中で、もっともアメリカ人の関心を集めたのがスーパーカブだったからだ。

その反応を察知したアメリカ・ホンダではセールスの重点をスポーツタイプの中型二輪からスーパーカブ（アメリカでの商品名はホンダ・フィフティ）に移す。この〝リトルホンダ〟の最初のユーザーは大学生たちだったという。彼らは通学用に、あるいは広いキャンパス内の移動用にとスーパーカブを使い始める。やがて、その用途は低所得層の通勤用へと広がっていく。

その一方で新しいディーラーも次々と開拓され、バイクショップばかりでなく運動具店や釣具店、狩猟専門店でもスーパーカブを扱う店が増えていった。すなわち、スーパーカブは通勤、通学用だけでなく、スポーツ、レジャー用としても用途を広げていったということだ。つれて、スーパーカブはロスアンゼルスを中心にアメリカ全土へと急速に普及していったのである。

とまれ、チキンラーメンとスーパーカブ、共通点のきわめて多い超ロングセラー商品ということができるだろう。

〝食〟はあらゆるものの原点である！

安藤百福の「事業哲学」とは？

安藤百福にとっての「事業哲学」、「金儲けの哲学」とは一体いかなるものなのか。その私の問いに対して、安藤はこう答えた。

「儲かりさえすればいい、儲かりさえすればなんでもやるというのは、ちょっと私の性に合わない。儲かるというのは結果であって、事業を始めるとき、私はいつも消費者、お客さん、お金を払ってくれる相手のことをまず考えましたね。相手に喜ばれるかどうか、役に立つかどうかということ。いい仕事をすればお金は後からついてきます……」

これは安藤の偽らざる心境なのであろう。『奇想天外の発想』の中でもこう書いている。

「格別、蓄材に心がけたつもりはない。仕事に没頭しているうちに、私は現在の日本の水準からいえば、相当な資産家になっていた。

しかし、金銭にはあまり執着はない。無一文でも卑屈にならなかったし、大金持ちになってても、おごってはならないと、みずからを戒めている。給料も賞与も、そのまま家内に渡してしまう。ひと月かふた月に一度、〝ポケットに五万円ほど入れといてくれよ〟という。

夜、料亭で高い料理を食べるより、家庭の味のほうが好きだ。それもタイやヒラメではなく、イワシやサンマといった小魚を好む。どこまでいっても、安上がりにできている。人に貧乏たらしく見られはしないかとか、ケチだと思われないかとかは、全然、気にならない。

金は必要以上に持つことはない。かといって、正しい使い方をしないと、禍いを招くことになる。とくに理財の能力のない人間が分不相応な金を手にすると、金の力を過信し、堕落する。結局は不幸におちいるのである」

安藤は金の持つ〝魔力〟、すなわち魅力も怖さもみずからの体験を通してよく知っていたのだと思う。

もっとも、料亭の料理が好きか、家庭の味が好きか、あるいはタイが好きか、イワシが好きかは個人の〝趣味の問題〟で、それ自体はどうということもない。金のない人間は高い料亭の料理やタイに手が届かないだけで、金があればどちらでも好きなほうが選択できる。それができる安藤サンは幸せだということだ。

東京・新宿にある日清食品の東京本社ビルの九階の会長応接室で初めて会ったときの安藤の印象は、正直いって〝真面目一方〟の人物、というものだった。

「愛嬌のある人だ。

愛想がいいのではない。目の鋭い顔にはきついところがあるし、よくしゃべるけれど、話が面白いわけでもない。

それでいて、どこか愛嬌がある。（中略）話がこみ入ってくると論理のつじつまが合わなくなる。それが初対面の人を、妙に安心させる。

初めから、隙を見せまいと、身構えた経営者なんて、かなわない気がするが、その点、この人は巧まずして八方破れなところが得をしている……」

これは、私の好きなノンフィクション作家の故・上前淳一郎氏の安藤評だが、いいえて妙である。

おそらく安藤にとっては、こむずかしい事業哲学とか金儲け哲学などには無関心であるのかも知れない。実際はそんなことはあり得ず、それでは安藤に対してはなはだ失礼になるが、安藤に会っているとそんな気がしてきたから不思議だ。

商いを〝食〟に求める目

私の見るところ、安藤の事業家としての成功は、食の不足している時代に、時代の求めるインスタントラーメンという〝安くて〟〝手軽で〟〝うまい〟画期的な食品を開発し、それを時代に合わせて上手に育ててきたということにつきると思う。それ以外の理由はあまり見当たらない。

しかし、戦後、〝無一文〟になった安藤が、食に目をつけ事業を起こしたのは卓見だった。

それに関連していえば、〝銀座のユダヤ人〟と異名をとった『日本マクドナルド』創業者の藤田田氏が面白いことをいっていた。〝ユダヤ商法〟に商品はふたつしかない。それは女と口である、というのだ。

どういうことか。

「男というものは働いて金を稼いでくるものであり、女は男が稼いできた金を使って生活を成り立たせるものである。商法というものは、他人の金を巻き上げることであるから、古今東西を問わず、儲けようと思えば、女を攻撃し、女の持っている金を奪え、というのである。……女を狙って商売すれば、かならず成功する。ウソだと思うなら、ためしにやってごらんになるとよい。絶対に儲かる。

……妖しくきらめくダイヤモンド。豪華なドレス。指輪、ブローチ、ネックレスなどのアクセサリー。高級ハンドバッグ。そうした商品は、そのいずれもがあふれるばかりの利潤をぶらさげて商人を待っているのだ……」

たしかにそういう意味では、インスタント・ラーメンも発売当初は腹を減らした男たちの必需品だったかも知れないが、今ではすっかり準主食的商品に育ち、それを買う、買わないの決定権は家庭の主婦、すなわち女性が握っている。

安藤も、チキンラーメンを海外に持っていくとき、カップヌードルやインスタントライスを発売するとき、いつも気にしていたのは主婦の反応だ。これはとりもなおさず、安藤が「女を狙った商売」を意識していた証拠ではあるまいか。

終章

安藤百福の〝金言〟集

商人・安藤百福

（1）社長とは権限ではない。責任の所在を示している。

（2）経営者の落とし穴は讃辞の中にある。偉くなればなるほど身の回りに甘い言葉が集中する。英雄的気分にひたっていると思わぬつまずきをする。

（3）器にあらざる者が分不相応の地位につくと、企業を破滅に導くもとになる。上に立つものは自らの器を知るべし。

（4）社長とは孤独ではない。逆にみんなの期待にどうしたら一番応えることができるかを考えればよい。みんなが良くなるということは、結局自分が良くなることにつながるからである。

（5）社員がみな目の前の目標に邁進しているからこそ、社長はその一歩先を考えねばならない。

（6）リーダーは、「人の中の人」である。一味違う仕事をし、しかも自分で仕事を見つけてこないようでは、一人前とはいえない。理論的にも、実践的にもリーダーでなくてはならない。

（7）需要の壁を破り、市場を切り開いていく商品の前提条件は、決して他の模倣ではない、ということである。

（8）本物だけを全力で売れ。

（9）コマーシャルフイルムを試写する時に説明は不要である。テレビの視聴者はいちいち説明された上でコマーシャルを観るわけではない。

（10）君たちはモニターに金ばかりかけている。私は五人に聞けばわかりますよ。

（11）「お客さまは神さまです」という言葉があるが、私はそうは思わない。消費者は人間であることを忘れてはならぬ。あまり神格化してしまうと、人間が見えなくなる。

（12）ものには値うちと値だんというものがある。商品は何によらず値うち相当の値だんがついていることが最も好ましい。

（13）商売、つまり取り引きは、取ったり引いたりするものである。入りを図りすぎて相手を殺しては元も子もない。

（14）既存の分野に参入しようとすれば、そこには経験を蓄えたメーカーが控えている。大資本をつぎ込んで、パワーマーケットをつくりあげる、という手法は好ましくない。相手を傷つけるし、リスクも大きい。

(15)私たちの商品は、あまりおいしすぎてはいけない。少し余韻を残すことによって、リピートにつなぐことが大切である。

(16)人の批判は、誰でもできる。自分で手を染め、仕事を創りあげることのできる人間が、ほんとうの企業人である。

(17)仕事というものは、プロセスが、いくら良くても、結果が悪ければなにもならない。プロセスが良ければ仕事が終ったと考える人が多すぎる。仕事には、厳しい詰めが大事だ。

(18)利益とは、結果であって、それを目的にしてはならない。良い仕事は必ず利益を生みだすものである。

(19) 青年の特長は盛んな知識欲である。ひたむきな実行力である。徹底した正義感である。豊かな感受性である。たくましい闘争力である。これ等がまた、日清食品という我々自らの特長である。

(20) 仕事を戯れ化せよ。そうすることによって、仕事から大きな喜びを得ることができる。生きていく力さえも、そこから手に入れることができる。

(21) 興味をもって取り組んだ仕事には疲労がない。戯れ化するとは、疲れを忘れ、夢中になるための最上の方法である。

(22) 君たちはまた会議をしている。会して議せず。ちゃんと結論を出しているのか。

(23) 企業とは、末永く我々の生活と人生とを託し合うにたる強さと、正しさと、真剣さを持たなければならない。

(24) 企業は人なりというが、企業には人の中の人、サムライが必要だ。

(25) 事業はすべて計数である。頭の中でピッピッと数字がひらめかなければ一人前の企業家といえない。

(26) わが社の労働組合の委員長は私自身だと思っている。労使協調がなければ会社の明日はない。

(27) 私は日清食品を一つの人生大学というようなものにしたいと考えている。仕事を通じて、また職場の人間関係を通して、真の人間らしさを学んでいただく場としたい。

(28) 企業は自分に合うような身なりをするのが一番美しい。またそれが、人に迷惑をかけない方法である。

(29) 仕事をするとき、必ず何%かの危険が含まれている。一〇〇%成功確実という仕事は少しもおもしろくない。私なら七〇%の確率があれば賭けてみる。三〇%の失敗の可能性は努力しだいで少なくすることができるからだ。

(30) 事業とは、あてにされる人となり、あてになる人を育て、あてになる仕事をすることである。この実際化を計るのが人事管理というものである。

発明家・安藤百福

(31) 私は眠る時には必ずメモと赤鉛筆を枕元に用意する。あなた方も四六時中、考える習慣をつけなさい。

（32）考えて、考えて、考え抜け。私が考え抜いた時には血尿が出る。

（33）知識も大切だが、もっと知恵を出せ。知識は比較的簡単に手に入るが、知恵は大きな努力と体験がなくては、なかなか手に入らないものである。

（34）私は、行く先々で、人が集まっていればのぞきこむ。商品にさわってみる。さわって分からなければ質問する。質問して分からなければ買って帰る。

料理人・安藤百福

（35）食品はバランスである。気の遠くなるような繰り返しで絶妙なバランスを会得するのが食品開発のすべてといってよい。

(36)私は三〇年近く、食の仕事に打ち込んできたが、食べものほど奥の深い世界はないと思う。いくら先端技術や宇宙開発が進んでも、人の生命を支える食がすたれることなどあり得ない。

(37)料理をつくることも、それを食べることも究極は〝愛の表現〟にちがいない。

(38)食べられないものを、食べられるようにするのが料理の技術である。

(39)食の究極の目的は飢えをしのぐことではない。健康な肉体をつくることに役立たなければならないし、食べることのなかに深い喜びがなければならない。味覚の追求があってこそ、食が文化として成立するのだと思う。

(40)即席めんは国民の伝統的な食生活習慣をタテ糸とし、現代の欲求をヨコ糸に織りこんだものである。生活必需品として愛される理由は、糸の織りこみの正しさと強さにある。

(41)おふくろの味は忘れ難いものであるが、他人が食べて必ずおいしいとは限らない。おふくろの味は母と子の愛と信頼で結ばれた味覚である。まさに、味は通じるもののみに輝くのである。

(42)人にはそれぞれ好みがあって、万人がおいしいという料理はめったにない。ところが私たちがこしらえているのは万人が好む味である。ひとつの味覚の表現として、おふくろの味と対極の所にある食品といえる。ましてや、おふくろの味と競争する気など毛頭ない。

（43）二一世紀の世界の食文化をリードしていくのは日本料理だと、私は確信している。これからは、グルメ志向と健康志向とに大きく集約されていく時代だと思うが、いずれにあっても、味覚の公約数を満たしていく力が日本料理にはある。

（44）食生活が文化であるとするならば、あるときは趣向をこらして手料理を作るべきだし、たまには外食するのも楽しい。そうした多様化された食文化の一員として私たちの存在がある。一色に塗りつぶされてしまったら、楽しみも文化もあったものではない。

（45）毎日、お米だけを食べていては病気になる。肉を食べ続けても病気になる。即席めんとて例外ではない。バランスのとれた食生活が、人間にとって一番大切なのである。

(46) 大量生産されたものには、心がこもっていないと考えている人がいる。誤解は、無人化された工場で、一見、無造作につくられているようにみえるところからきている。その裏にこめられた私たちの思いをご存知ないのである。

(47) インスタント食品は、食べる時は即席だが、作る時は即席ではない。栄養のバランスを考え、できるだけコストを押さえようと苦心している。心のこもり方は、家庭料理となんら変わるところがない。

(48) インスタントは、「即時」「即刻」「瞬間」の意味である。してみると、インスタント食品とは、瞬間瞬間を大切にする食品ということになる。

(49) 消費する人々の立場、境遇、機会は様々である。しかし、その一食一食はすべて人々の厳しい、或は楽しい生活の中でのかけがえのない一食であることを知れ。一日何百万食も作るのだから中に二食三食悪いものが出来ても仕方がないという言い訳は絶対に許されない。

(50)食文化を知るには、みずから調理してみることだ。魚一尾、三枚におろせないような主婦は、半人前である。

(51)私は料理のでき上がりをみれば、およその料理法は察しがつく。このごろのテレビ番組をみていると、醤油を大サジ何杯、塩を何グラムと教えているが、めんどくさくてしょうがない。およその目分量でよいのである。料理は自分で工夫してこそ楽しく、また新しい発見もある。

(52)男子が厨房に入ることは恥ずべきことではない。私は少年時代から自炊生活をしてきたので、料理が好きである。好きだから、興味もわく。もし、私がコックか板前になっていたとしても、第一級の料理人になっていたに違いない。これだけは自信がある。

（53）なんでも新鮮なものがおいしいという発想は間違いである。牛肉は腐る前が身が熟成してきて旨い。発展途上国へ行くと、ホシエビは酸化しかけて発酵する前が最高の味という。バナナは皮に黒い斑点が出かけた頃が甘い。シイタケも、もぎたてには甘みがないが、乾燥すると別な旨味が生まれる。アワビ、ナマコも然りである。食べものには、おのずと特性というものが備わっていることを知らなければならない。

（54）日本人ほど鮮度信仰の強い国民は少ない。魚なら刺し身、豆腐なら冷奴を愛するのはそのせいである。日本の食品衛生法が世界一厳しいのも、国民性に由来する。衛生思想は文化の尺度かもしれないが、なんでも無菌状態がよいというのでは、人間に抵抗力がなくなる。私が心配するのはそこである。

(55) 酒と人間とのつながりは不思議なものである。アルコールを発酵させるというのは、実は大変、深遠な技術だが、これだけはどんな未開の原住民でも知っている。

(56) 味に通じるようにするには、小さい時からの食習慣が大事である。人間は子供の頃に食べた味を一生忘れない。だから、子供を顧客にすることは、食品にとって最高のマーケティングである。

人間・安藤百福

(57) すべての人が良いという意見は信用できない。物事には色々な角度から、いろいろな個性を持った人が意見を出すべきである。他人の意見に流されてはいけない。

(58) 私の右手の薬指の骨は少し曲がっている。創業時、製麺機に指をはさまれ、皮一枚残して、骨も切断されてしまった。医者にかけつけると、「取ってしまいましょう。でないと責任はもてません」という。「責任はもってくれなくてもいいから、そのまま縫いつけてくれ」。やっと医者を説得した。おかげで、指はいまでもつながっている。相手が専門家だからといって、なんでもいいなりになるのは最上の策ではない。それは医者にかかる場合に限らない。

(59) 大切なのはいつも時間との闘いである。時間だけはすべての人に平等に与えられているが、取り返しがつかない。

(60) 中途半端なことは言ってはならないし、また、してはならない。自分で自信が持てないことに、誰が耳を傾け、協力してくれるだろうか。

(61) 一生懸命やった失敗は、まだ救われる。しかし、無責任な失敗は、絶対に許されない。

(62) 君たちのやっていることは、火が消えてから芋を焼くようなものだ。タイミングを逸すれば、チャンスは再び戻ってこない。

(63) しごく人間の心には愛のムチがなければならない。鉄は熱いうちに叩け。ゴムは弾力を失わせてはならない。枯木は調教に耐えられず、折れるだけである。教育とは、相手を知るところから始まる。

(64) 節約して資金を蓄積するよりも、銀行から借りる方がはるかに楽である。しかし、一度その味を覚えたら抜け出せなくなる。甘えの報いは必ず自分に戻ってくる。

(65)ジェット機が羽田沖に墜落したあと、その会社の飛行機がガラガラになったことがある。逆に私はすいている方を利用した。事故が短期間に、同じ航空会社で二度、三度と発生する確率は無視していいほど低いからである。私は悠々と空の旅が楽しめた。この世のことは、すべて確率ではなかろうか。

(66)新幹線のグリーンに乗ることの無駄を知るべし。どこに乗ろうと、目的地に着く時間は一緒である。見栄を張ったり、形にこだわってはいけない。

(67)常にコスト意識を持て。相手からかかってきた電話に、今忙しいから後でかけ直すという応対をしているのを良く見かけるが、とんでもないことである。用事はそこですませろ。電話代を惜しむのではない。最大のコストは常に時間である。

(68) 時は命なり。刻一刻ときざむ時間はたしかに大切ではあるが、命がきざまれているのだ、と思っている人は少ない。そこまでの切迫感を持って、私は生きたい。周りの人にも、そうしてほしい。

(69) 人は、自らの精神を改造することができる。それができないのは、極限の状況に立ったことがないからだ。逆境に立って、すべての欲と、こだわりとを捨て去った時、思わざる力が発揮できる。思えば人間とは、欲望や虚栄やら、なんと無駄なものを数多く、身にまとっているものであろうか。

(70) 人生、いつもうまくいくとは限らない。現在の仕事や地位に不平、不満を覚える人も多いだろう。「ああ、ムダな歳月を過ごしてきた。とり返しのつかないことをしてしまった。」もし、そう考えてしまったら、本当にとり返しのつかないことをしてしまったことになる。

(71)私は四十八歳から出発した。六十歳、七十歳からでも、新たな挑戦はある。

(72)食とスポーツとは、人間にとって健康を支えるための両輪である。どんなにバランスのとれた栄養ある食事をとっても、運動をしなければ、健康を保つことは不可能だ。

(73)私にとって、金で買える命はゴルフしかない。私の健康はゴルフによって支えられている。

(74)私は四十八歳からゴルフを始めた。やるたびに、失望と反省のくり返しである。今度こそはと思う。いくらやっても飽きないのは、ゴルフが人生に似ているからであろう。

(75) 私は一年間に一三〇回ゴルフ場に足を運ぶ。六日間アメリカに出張して七回ゴルフをしたという変な記録も持っている。年甲斐もなく、一ヤードでも遠くへ飛ばしたいというのが課題である。わずかな可能性でも、それに挑戦し続けている限り、退屈するということはない。

(76) 人は人なりに自分の個性で仕事をすればよい。型にはめてはいけない。ゴルフでも、フォームが悪いからといって、矯正するとかえって、球が飛ばなくなる。

(77) ゴルフのスコアをまとめるためだけなら我流の打ち方でいい。しかし、向上をめざすなら、我流の中にも、ゴルフの基本が守られていなければならない。

(78) ゴルフは自分との闘いである。闘い抜いた人の言葉には、多くの哲学が含まれている。

(79) 夫婦は同じ舟に乗っている。二人の間に愛があれば、なごやかな雰囲気のうちに舟は進む。それぞれが自分の仕事に精を出し、家は健全に保たれる。

(80) 夫婦にいたわりと愛情がないと、おたがいに険悪となり、鉄の棒で自分の乗っている舟の底をつついてしまうものだ。舟は沈み、二人とも溺れる。

（81）マイホーム・パパが必ずしも妻や子供を幸せにするとは限らない。愛情に薄く、甘えた、自立しきれない男が多いのではなかろうか。

（82）生涯の伴侶を選ぶなら、家のことはすべてまかせられる人を探すべきだ。そうすれば、これからの仕事において、少なくとも成功の半分は手中にしたことになる。

本書は昭和六三年一〇月に弊社で
出版した書籍を改題改訂したものです。

日清食品創業者
安藤百福　一日一得

著　者　石山順也
発行者　真船美保子
発行所　KK ロングセラーズ
東京都新宿区高田馬場 2-1-2　〒 169-0075
電話（03）3204-5161（代）　振替　00120-7-145737
http://www.kklong.co.jp

印　刷　中央精版印刷（株）
製　本　（株）難波製本
落丁･乱丁はお取り替えいたします。※定価と発行日はカバーに表示してあります。
ISBN978-4-8454-2425-2　Printed In Japan 2018